建筑施工特种作业人员安全技术培训教材

附着式升降脚手架架子工

黑龙江省建设安全协会 主编

中国建材工业出版社

北　京

图书在版编目(CIP)数据

附着式升降脚手架架子工/黑龙江省建设安全协会主编．--北京：中国建材工业出版社，2024.4
建筑施工特种作业人员安全技术培训教材
ISBN 978-7-5160-3947-2

Ⅰ.①附… Ⅱ.①黑… Ⅲ.①附着式脚手架－工程施工－安全培训－教材 Ⅳ.①TU731.2

中国国家版本馆CIP数据核字（2023）第236174号

附着式升降脚手架架子工
FUZHUOSHI SHENGJIANG JIAOSHOUJIA JIAZIGONG
黑龙江省建设安全协会　主编

出版发行：中国建材工业出版社
地　　址：北京市海淀区三里河路11号
邮　　编：100831
经　　销：全国各地新华书店
印　　刷：北京雁林吉兆印刷有限公司
开　　本：850mm×1168mm　1/32
印　　张：4.75
字　　数：120千字
版　　次：2024年4月第1版
印　　次：2024年4月第1次
定　　价：26.00元

本社网址：www.jccbs.com，微信公众号：zgjcgycbs
请选用正版图书，采购、销售盗版图书属违法行为
版权专有，盗版必究。本社法律顾问：北京天驰君泰律师事务所，张杰律师
举报信箱：zhangjie@tiantailaw.com　举报电话：(010) 57811389
本书如有印装质量问题，由我社事业发展中心负责调换，联系电话：(010) 57811387

《建筑施工特种作业人员安全技术培训教材》编审委员会

主　　　任：高起生

副　主　任：李守志　于海洋

编委会成员：（按姓氏笔画排序）

丁延生	马洪艳	王　成	王　君
王劲松	申惠中	白　晶	宁　超
冯梓洌	乔红东	刘　波	孙艳红
李宏伟	吴国冻	邱　冬	张国飞
张佳奇	陈世明	赵　川	赵　蕊
高文龙	唐文林	唐家如	曹　博
梁永贵	滕莉莉	鞠浩杨	魏振宇

《附着式升降脚手架架子工》编写组名单

主　　编：魏振宇　高文龙
编写成员：白震宇　唐文林　乔红东　邱　冬
　　　　　张佳奇　曹　博　杜维松　梁永贵
　　　　　赵　强　闫　磊　刘　刚　刘　博
　　　　　丛　宇　石常乐

序　言

  建筑施工特种作业危险性大，如操作不当或失误，易对操作者本人、他人及设备、设施造成重大损害，甚至导致人身伤亡事故。加强建筑施工特种作业人员的专业培训教育，提高其技能水平，对于防止和减少生产安全事故，保障建筑施工安全生产具有重大意义。

  本书编写人员主要依据《建筑施工特种作业人员管理规定》（建质〔2008〕75号）、《关于建筑施工特种作业人员考核工作的实施意见》（建办质〔2008〕41号），按照建筑施工特种作业人员分类和《建筑施工特种作业人员安全技术考核大纲》（试行），根据住房城乡建设部公告2021年第214号《房屋建筑和市政基础设施工程危及生产安全施工工艺、设备和材料淘汰目录（第一批）》的规定，以及建筑施工特种设备实际使用情况，遵循符合实际、注重实效的原则，编写了10本系列教材。其中，《特种作业安全生产基本知识》是综合性教材，适用于所有的建筑施工特种作业人员；其余9本为专业性用书，分别适用于建筑电工、普通脚手架架子工、附着式升降脚手架架子工、建筑起重司索信号工、塔式起重机司机、施工升降机司机、塔式起重机安装拆卸工、施工升降机安装拆卸工、高处作业吊篮安装拆卸工。

  本系列教材主要用于建筑施工特种作业人员的业务培训和指导考核，也可作为专业院校和有关培训机构的建筑施工安全教学用书。本书虽经反复推敲，仍难免有不妥之处，敬请广大读者提出宝贵意见。

本系列教材主编单位： 黑龙江省建设安全协会
本系列教材参编单位： 中建三局集团有限公司
中建铁路投资建设集团有限公司
中建铁投轨道交通建设有限公司
中建铁投科技工程有限公司
中建六局水利水电建设集团有限公司
中国建筑第八工程局有限公司
黑龙江省黑建一建筑工程有限责任公司
哈尔滨哈飞建筑安装工程有限责任公司
华润置地（哈尔滨）房地产开发有限公司
哈尔滨万科企业有限公司
深圳（哈尔滨）产业园投资开发有限公司
黑龙江中阳建设工程监理有限公司

编审委员会
2023 年 4 月

前　　言

　　为提高建筑施工特种作业人员安全生产知识水平，增强安全生产意识和自我保护能力，确保取得建筑施工特种作业操作资格证书的人员具备独立从事相应特种作业工作能力，根据《特种作业人员安全技术培训教材编写方案》的要求，编写了《附着式升降脚手架架子工》一书。

　　架子工作为施工特种作业人员中的一个重要成员，在工作中从事着可能造成重大安全事故的操作。因此，结合其工作的特殊性，在编写本教材时，充分研究了建筑施工特种作业人员的岗位责任、文化水平、理解能力和接受能力，本着"深入浅出、图文并茂、指导实践"的原则，突出专业性、针对性、时效性、实用性和知识性。本书分为上篇和下篇，包括附着式升降脚手架概述、常用附着式升降脚手架的构造和工作原理、附着式升降脚手架的提升设备及动力控制系统、附着式升降脚手架的安全装置、相关理论知识、附着式升降脚手架常见安全事故与处理、附着式升降脚手架的安拆和升降、附着式升降脚手架的使用与维护基本知识，共八章内容。

　　由于编写时间仓促，编者水平有限，书中难免存在疏漏和不足，敬请读者指正。

编　者

2022 年 4 月

目　　录

上篇　专业技术理论

第一章　附着式升降脚手架概述……………………… 3
　第一节　附着式升降脚手架的概念……………… 3
　第二节　附着式升降脚手架的分类……………… 4
第二章　常用附着式升降脚手架的构造和工作原理………… 5
　第一节　吊拉式附着升降脚手架………………… 5
　第二节　导轨式附着升降脚手架………………… 7
　第三节　导座式附着升降脚手架………………… 12
　第四节　液压式附着升降脚手架………………… 15
第三章　附着式升降脚手架的提升设备及动力
　　　　控制系统………………………………………… 17
　第一节　附着式升降脚手架的提升设备………… 17
　第二节　附着式升降脚手架的动力控制系统…… 20
第四章　附着式升降脚手架的安全装置……………… 22
　第一节　附着式升降脚手架的防坠装置………… 22
　第二节　附着式升降脚手架的防倾覆装置……… 31

第五章　相关理论知识 …………………………… 33
　　第一节　施工现场安全用电基础知识 …………… 33
　　第二节　起重吊装基础知识 ……………………… 48
　　第三节　液压传动基础知识 ……………………… 63

第六章　附着式升降脚手架常见安全事故与处理 ………… 70
　　第一节　附着式升降脚手架常见事故类型及分析 …… 70
　　第二节　附着式升降脚手架各类紧急情况处置措施 …… 73

下篇　安全操作技能

第七章　附着式升降脚手架的安拆和升降 ………………… 83
　　第一节　附着式升降脚手架安装前的准备工作 …… 83
　　第二节　附着式升降脚手架的安装方法 …………… 84
　　第三节　附着式升降脚手架特殊部位的处理方法 …… 105
　　第四节　附着式升降脚手架的提升操作内容 ……… 112
　　第五节　附着式升降脚手架的下降操作内容 ……… 115
　　第六节　附着式升降脚手架的拆除操作内容 ……… 119
　　第七节　附着式升降脚手架的验收内容和方法 …… 127

第八章　附着式升降脚手架的使用与维护基本知识 ……… 132
　　第一节　附着式升降脚手架的使用知识 …………… 132
　　第二节　附着式升降脚手架的维护保养及调试 …… 134

附录　正确及错误做法典型图例 ……………………… 137

参考文献 …………………………………………… 139

上 篇
专业技术理论

第一章 附着式升降脚手架概述

第一节 附着式升降脚手架的概念

随着我国建筑行业的快速发展，建筑的高度越来越高，为工程建设带来了不小的难度。作为新型脚手架产品的附着式升降脚手架得到了广泛的应用，成为现阶段建筑工程施工建设的主流产品。它将高处作业变为低处作业、将悬空作业变为架体内部作业，具有更显著的低碳性、科技性、高周转、安全性等优点。

附着式升降脚手架（图 1-1-1）是指搭设一定高度并附着于工程结构上，依靠自身的升降设备和装置，可随工程结构逐层爬升或下降，具有防倾覆、防坠落装置的外脚手架，主要由架体结构、附着支座、防倾覆装置、防坠落装置、升降机构及控制装置等构成。

图 1-1-1　附着式升降脚手架

第二节 附着式升降脚手架的分类

一、按组成架子的形式分类

（1）单跨式附着升降脚手架，仅有两个提升装置并独自升降的附着式升降脚手架。

（2）整体式附着升降脚手架，有三个及以上提升装置连跨升降的附着式升降脚手架。

二、按动力的形式分类

（1）液压式，采用液压动力设备作为提升动力装置的附着式升降脚手架。

（2）电动式，采用电动环链葫芦作为提升动力装置的附着式升降脚手架。

三、按架体结构形式分类

（1）传统附着式升降脚手架，由钢管、扣件搭设而成，立杆放置于水平支承桁架上，纵向水平杆与竖向主框架相连，架体外立面必须设置剪刀撑和密目安全防护网进行封闭。

（2）半钢附着式升降脚手架，由钢管扣件搭设架体构架，外立面采用冲孔钢板网进行封闭。

（3）全钢附着式升降脚手架，架体结构均由定型加工的钢结构配件组装而成，架体外立面用冲孔钢网片进行防护。

第二章 常用附着式升降脚手架的构造和工作原理

第一节 吊拉式附着升降脚手架

吊拉式附着升降脚手架是由架体结构、附着支承结构、防倾覆装置、防坠落装置、升降动力设备、电控设备、同步控制装置和防护部分组成。

一、架体构造形式

吊拉式附着升降脚手架由竖向主框架、水平支承桁架、工作脚手架三部分组成。其中，竖向主框架、水平支承桁架构成主体结构。在主框架内水平支承桁架之上搭设工作脚手架，工作脚手架通常由钢管、扣件搭设而成，立杆放置于水平支承桁架上，纵向水平杆与竖向主框架相连。

二、升降原理

吊拉式附着升降脚手架如图 2-1-1 所示。

（一）提升前准备工作

搭设吊拉附着升降脚手架，安装下斜拉杆，安装每一层附着拉结，吊拉式附着升降脚手架共搭设四个建筑层高再加 1.5m 围护高度，在第二层与第四层的楼层面安装防倾覆导向轮，每个机位安装一台防坠器和同步控制系统，安装悬挂梁，挂低速电动环链葫芦。提升或下降前将电动葫芦的吊钩与上面的吊环挂牢，调整电动环链葫芦的旋转方向一致，逐个启动低速电动环链葫芦，使其链条受力预紧，并通过同步控制系统的荷载设定，使每个吊点在预紧后的荷载达到设定值。

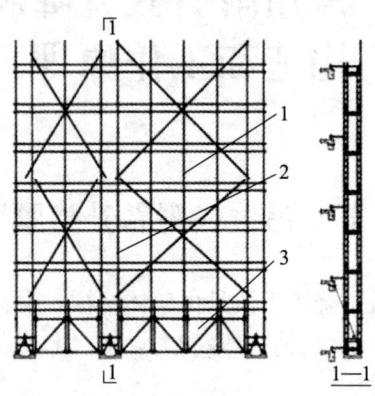

图 2-1-1 吊拉式附着升降脚手架示意图
1—工作脚手架；2—竖向主框架；3—水平支承桁架

（二）提升（或下降）

翻转底板上的翻板，拆除脚手架与建筑物之间的防护，拆除所有脚手架与建筑物之间的附着拉结，最后拆除脚手架机位处的下部斜拉杆，启动控制开关，同步提升（或下降）脚手架。

（三）提升（或下降）后安全防护

脚手架提升（或下降）一个层高到预定位置后，先安装机位处下部斜拉杆（斜拉杆的花篮螺栓不要调紧），再调整架体垂直度，然后安装每个机位与建筑物之间的附着拉结，最后收紧下部斜拉杆的花篮螺母，并安装架体与建筑物之间的防护。

（四）下次提升（或下降）准备

松开电动葫芦吊钩，拆除悬挂梁并转向上一层安装，为下一次提升（或下降）做准备。

三、主要特点

(1) 最显著的特点是吊点位置与重心位置重合，并设有防倾覆、防坠落装置，升降平稳。底部水平承力桁架受力均匀、变形很小，可避免偏心升降时产生的力偶对导轨引起的变形。

(2) 提升的悬挂梁是固定在建筑物上不动的，升降时，建筑物与脚手架有一个相对运动，必须避让悬挂梁，因此在吊拉式附着升降脚手架的第二至第四步机位处的纵向水平杆要断开一定的距离（约600mm），以便悬挂梁与脚手架做相对运动时不会发生碰撞。脚手架的第二至第四步在机位处的操作面是不连续的。

第二节 导轨式附着升降脚手架

一、架体构造形式

导轨式附着升降脚手架与吊拉式一样，由架体结构、附着支承结构、防倾覆装置、防坠落装置、升降动力设备、电控设备、同步控制装置、防护部分组成，架体结构同样包含竖向主框架、底部支承桁架和工作脚手架（图2-2-1）。不同的是，导轨式附着升降脚手架的附着形式是将导轨附着在建筑物上，且连续多支承点附着，脚手架的架体、防倾覆装置均附着在导轨上。工作状态和非工作状态架体除附着在导轨上外，还在架体的底部和架体的中间的内外两侧设置有与建筑物连接的斜拉杆。此外，导轨式附着升降脚手架每个机位处的竖向主框架只有一根，导轨式附着升降脚手架的电动葫芦安装在架体内侧与建筑结构之间，不会阻碍导轨式附着升降脚手架的升降。

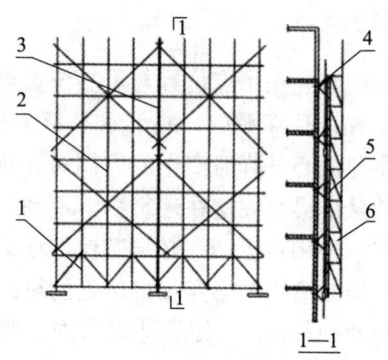

图 2-2-1 导轨式附着升降脚手架
1—水平支承桁架；2—架体构架；3—竖向主框架；
4—附墙支座；5—导轨；6—架体

二、导轨式附着升降脚手架的升降原理

图 2-2-2 为导轨式附着升降脚手架的升降原理示意图。

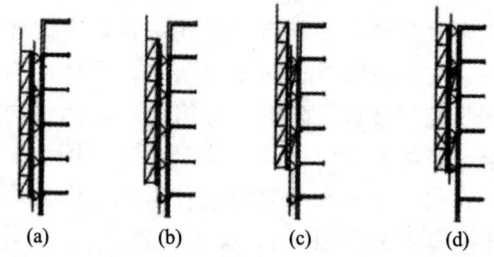

图 2-2-2 导轨式附着升降脚手架架体升降原理示意图
（a）准备提升（或下降）工况；（b）提升（或下降）工况；
（c）提升（或下降）完成工况；（d）准备下次提升（或下降）工况

（一）准备提升（或下降）

沿建筑物竖向安装导轨，并固定在建筑物上，如图 2-2-3 所示；安装架体下部内外侧和中间部位内外侧的斜拉杆，在

每处附着支承处安装防倾覆导轮,如图 2-2-4 所示;安装防坠落装置,如图 2-2-5 所示;然后在导轨上部安装提升挂座,并在一侧挂电动葫芦,另一侧固定提升钢丝绳,如图 2-2-6 所示;提升钢丝绳需绕过提升滑轮组件同电动葫芦的吊钩连接;安装同步控制系统,提升或下降脚手架前启动电动葫芦并收紧环链,使每一台电动葫芦受力预紧,但不能拉动脚手架。

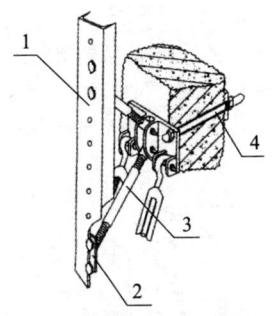

图 2-2-3 安装导轨
1—导轨;2—拉杆座用销轴;3—可调拉杆;4—预埋件

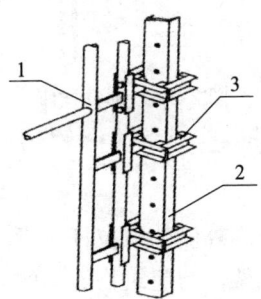

图 2-2-4 安装防倾覆导轮
1—竖向主框架;2—导轨;3—导轮组

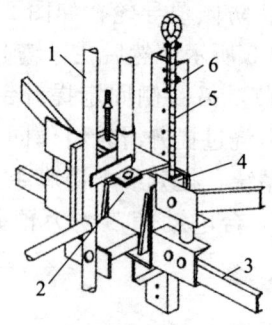

图 2-2-5 带防坠器滑轮组
1—竖向主框架；2—提升滑轮组件；3—水平支承桁架；4—防坠落装置；
5—提升钢丝绳；6—导轨

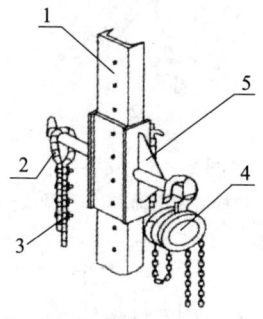

图 2-2-6 提升挂座
1—导轨；2—提升钢丝绳；3—钢卡；4—提升葫芦；5—提升挂座

（二）提升（下降）

拆除脚手架下部内外侧的斜拉杆，拆除脚手架中间部位内外侧的斜拉杆，拆除架体与建筑物之间的安全防护，拆除所有脚手架与建筑物之间的所有附着拉结，最后启动电动葫芦，同步提升（或下降）脚手架。

（三）提升（下降）完成

脚手架提升（或下降）到预定位置后，安装脚手架下部内外侧的斜拉杆，安装脚手架中间部位内外侧的斜拉杆，在每层安装架体与建筑物之间的附着拉结，安装架体与导轨的限位锁（图 2-2-7），安装恢复架体与建筑物之间的安全防护。

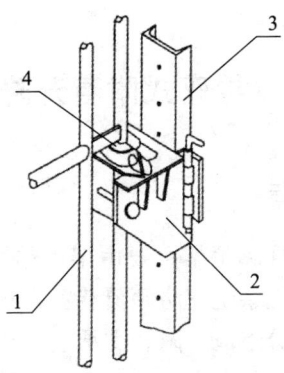

图 2-2-7　限位锁
1—竖向主框架；2—限位锁；3—导轨；4—限位锁卡

（四）为下次提升（下降）做准备

松开电动葫芦吊钩，拆除最下一段导轨向上端安装，拆卸导轨上部的提升挂座，将提升挂座向上一层安装，一侧挂电动葫芦，另一侧固定提升钢丝绳，提升钢丝绳需绕过提升滑轮组件与电动葫芦的吊钩连接，为下一次提升做准备；导轨式附着升降脚手架下降时则反向操作。

三、主要特点

（1）电动葫芦安装在导轨的侧面，在升降时与架体不会相互碰撞，机位处的纵向水平杆无须断开，导轨式附着升降脚手架的每步操作都是连续的。

（2）架体的重心位置一般都在横截面的中心向外偏的位置，导轨式附着升降脚手架属于偏心升降，因架体的自重较重,升降时上下防倾覆装置作用于导轨的力偶较大,会使导轨产生变形。

(3) 使用提升滑轮组件,提升速度可提高 2 倍,提升设备(电动葫芦)的额定荷载可以降至一半,但电动葫芦的环链长度要增加一倍。

第三节 导座式附着升降脚手架

一、架体构造

导座式附着升降脚手架主要由架体结构、附着支承结构、升降动力设备、电控系统、防倾覆装置、防坠落装置、同步荷载装置以及防护部分组成。附着支承上安装导向防倾轮及调节装置。架体结构是由竖向主框架、水平支承桁架和工作脚手架三部分组成。图 2-3-1 为调节顶撑与主框架附墙支座的关系图;架体升降后主框架与附着支承结构的固定方式,图 2-3-2 为架体竖向剖面图。

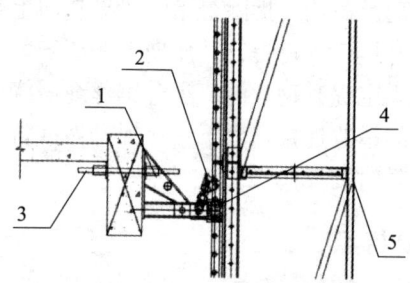

图 2-3-1 调节顶撑与主框架附墙支座的关系
1—附墙支座;2—调节顶撑;3—穿墙螺杆;
4—防倾导向轮;5—竖向主框架

第二章 常用附着式升降脚手架的构造和工作原理

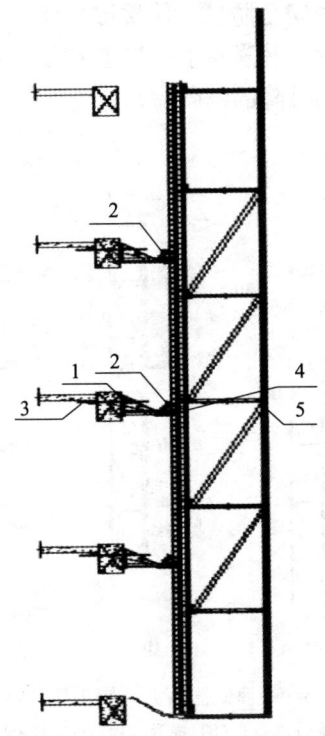

图 2-3-2 导座式附着升降脚手架竖向剖面图
1—附墙支座；2—防倾导向轮；3—穿墙螺杆；
4—导向轮总成；5—主框架

二、升降原理

如图 2-3-3 所示，导座式附着升降脚手架的升降程序。

（一）提升准备

导座式附着升降脚手架组装完毕后，提升或下降导座式附着升降脚手架前，启动电动葫芦收紧葫芦链条（链条不得翻链、扭曲），使每一只电动葫芦受力预紧，并通过同步控制系统的荷载设定，使每个吊点在预紧后的荷载达到设定值。调整楼层与架体之间的安全防护，使楼层与架体之间有一定距离。拆除所有导座式附着升降脚手架与建筑物之间的所有连接，清除所有影响脚手架升降的障碍物。

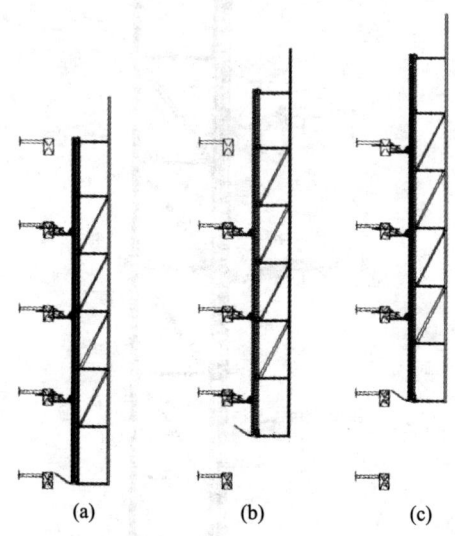

图 2-3-3　导座式附着升降脚手架升降原理
（a）提升准备；（b）提升过程；（c）提升完成

（二）提升过程

启动所有电动葫芦，脚手架主框架导轨沿导座做直线运动。

（三）提升完毕

导座式附着升降脚手架提升（或下降）到指定位置后，安装调节顶撑，做好楼层与架体之间的安全防护，安装附着式升降脚手架与建筑物之间的每一层附着拉结。

（四）为下次提升工作提前准备

松开电动葫芦吊钩，将底层附墙支承拆除并安装到最上层，调整电动葫芦链条、防坠杆。为下一次提升（或下降）做准备，导座式附着升降脚手架下降则反向操作。

三、主要特点

（1）导座式附着升降脚手架的提升设备在脚手架的内侧升降时属偏心吊，因架体的自重较重，升降时防倾覆装置作用于导轨上的力偶使其产生变形。

（2）附着支承上安装有导向防倾装置、防坠吊杆、提升吊环及调节顶撑，实现了附着支承的多功能化。

（3）在脚手架提升时，调节顶撑也同时能起到防坠作用。

（4）防坠器安装在提升梁内部，可有效防污，以避免因污染造成防坠器失灵。

（5）因水平支承桁架套装在主框架内部，在脚手架安装时，主框架可相对水平支承桁架移动，避免了因附墙支承位置的变动而造成的主框架弯曲变形。

（6）环链电动葫芦采用倒挂方式，降低操作工人的劳动强度。

第四节 液压式附着升降脚手架

一、液压式附着升降脚手架的构造

附墙支座（附着支承）、导轨（导座）主框架、水平支承桁架和工作脚手架，以及液压系统（液压千斤顶、油泵、油路、阀门等）、防坠落装置、防倾覆装置等组成了完整的液压式附着升降脚手架，图 2-4-1 为液压式附着升降脚手架构造示意图。

二、升降原理

电动机带动齿轮泵旋转，液压油由油箱经滤油器、溢流阀、手动换向阀、胶管针阀、油管（钢管或胶管）至穿心式千斤顶双向作用油缸形成回路。千斤顶固定在主框架下部，爬杆固定在提升附墙支座上，提升（下降）时，千斤顶沿爬杆动作，带动架体上升（下降）。

调整溢流阀，设定高压油路油压为10MPa，低压油路油压为5MPa。

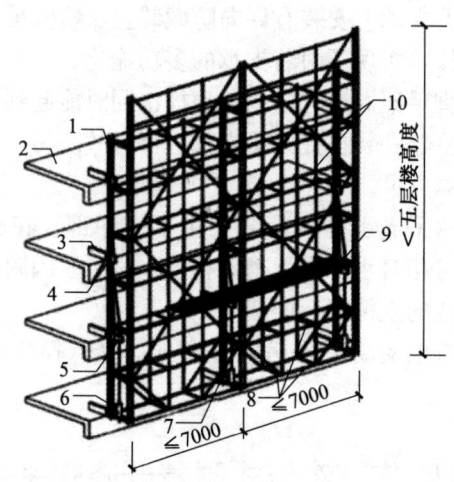

图 2-4-1　液压式附着升降脚手架构造示意图
1—竖向主框；2—建筑结构混凝土楼面；3—附着支承结构；4—导轨及防倾覆装置；5—悬臂（吊）梁；6—液压升降装置；7—防坠落装置；8—水平支承桁架；9—工作脚手架；10—架体构架

三、主要特点

（1）采用液压系统控制，升降平稳。

（2）具有防超载功能、同步控制功能和防坠落功能，安全性能较好。

（3）对比电动式附着升降脚手架，制作成本较高。

第三章 附着式升降脚手架的提升设备及动力控制系统

第一节 附着式升降脚手架的提升设备

附着式升降脚手架升降机构的动力装置有手动葫芦、电动葫芦、卷扬机、液压动力设备等。目前主要采用液压和电动葫芦作为附着式升降脚手架的动力设备，下面分别介绍液压升降动力装置和电动葫芦升降动力装置。

一、电动葫芦升降动力装置

电动附着式升降脚手架的升降动力装置一般采用低速环链葫芦，低速环链葫芦由行星减速器加上一般的减速机构组成，其传动比很大，提升速度为 8~12cm/min。

电动机转动，通过行星减速器的减速，输出转速和动力，带动葫芦上的长轴旋转，使葫芦正常工作。切断电源时，葫芦停止工作，重物即停在相应的位置上。电动葫芦安装形式有正挂式电动葫芦（图 3-1-1），倒挂式电动葫芦如（图 3-1-2）。

倒挂式电葫芦由三相盘式制动电机、行星减速器、环链、循环钩吊钩、吊挂连接座、上挂钩、压缩弹簧等组成，如图 3-1-3 所示。吊挂连接座是链条的起止点，形成回路，链条往下经过电动葫芦正反转工作箱后往上穿入上挂钩总成，上链条板件有两个滑动轴位，与挂座固定器的轴位之间形成一个回路，最后链条在挂座固定器上端收止。

图 3-1-1 正挂式电动葫芦　　　　图 3-1-2 倒挂式电动葫芦

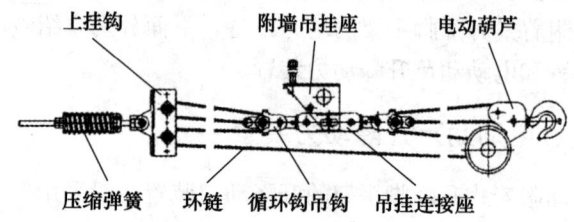

图 3-1-3 倒挂式电动葫芦组装示意图

电动葫芦的使用应当注意以下安全事项：

（1）必须严格按照说明书有关规定，确保正确使用，运行安全。

（2）外接电源必须符合说明书要求。

（3）每次使用时，必须确认机件完好无损，传动部分及起重链条润滑良好，制动灵敏可靠，平时应定期检查各零部件是否正常，有无松动、裂纹、漏油等现象。

（4）开机前，必须理顺起重链条，严禁在扭转、打结的情况下使用。

（5）试运行检查传动是否平稳，链轮与起重链条是否正确啮合。

（6）起吊重物前，应检查上、下吊钩是否勾牢，严禁重物吊在吊钩尖端等操作。

（7）起吊时严禁人员在起吊机下方做任何工作或行走。

（8）严禁超载使用。

（9）运行时应实时监控，出现异常立即停机，查明原因，排除故障后方可继续使用。

（10）不可随意拆卸设备，如需更换零件或维修，必须由专业人员负责或在其指导下进行。

（11）经检修后的设备必须进行空载和荷载试验，确认运行正常后方可投入使用。

（12）必须注意维护和保养，在运输、转移使用场所及使用过程中，严禁敲打、碰撞。使用完毕应将设备擦拭干净，存放在干燥地点，防止受潮、生锈或腐蚀。

（13）应当按照说明书要求更换润滑油。

二、液压升降动力装置

液压附着式升降脚手架的液压升降动力装置通常采用穿心式千斤顶，液压升降动力装置主要由液压控制台、主油管、分油管、支油管、分油器、针形阀、千斤顶、各种规格的接头、堵头、爬杆等组成。穿心千斤顶固定在主框架下部，爬杆固定在附墙支座上，提升（下降）时，穿心千斤顶沿爬杆动作，带动架体上升（下降），如图3-1-4所示。

（一）穿心式千斤顶的工作原理

（1）上升原理：下锁紧机构锁紧→上锁紧机构松开→副缸支承油缸进油，将副缸及主活塞顶至上部位→上锁紧机构锁紧→下锁紧机构松开→主油缸进油，将千斤顶筒体向上提升一个行程。

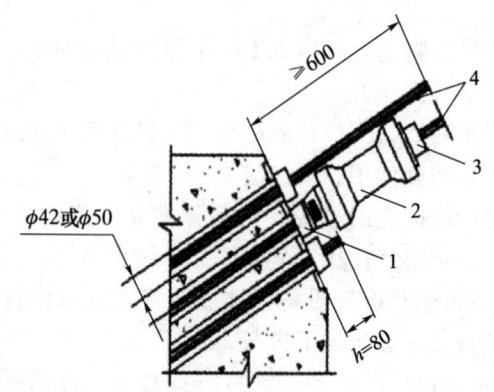

图 3-1-4　YC-60 穿心式千斤顶结构示意图（mm）
1—工作锚；2—YC-60 型千斤顶；3—工具锚；4—预应力筋束

(2) 下降原理：下锁紧机构锁紧→上锁紧机构松开→主油缸进油，将主活塞及副缸顶至下部→上锁紧机构锁紧→下锁紧机构松开→主油缸回油，千斤顶筒体在重力作用下向下下降一个行程。

（二）主要特点

(1) 采用液压系统控制，升降平稳。

(2) 具有防超载功能、同步控制功能和防坠落功能，安全性能好。

(3) 相对于电动葫芦升降动力装置，制作成本较高。

第二节　附着式升降脚手架的动力控制系统

一、电动附着式升降脚手架的动力控制系统

电动附着式升降脚手架通常采用若干低速环链电动葫芦作为升降动力群吊升降，每一提升单元，电动葫芦的数量在 25 台左右，其工作环境完全暴露在室外，工作条件比较恶劣，因

第三章 附着式升降脚手架的提升设备及动力控制系统

此在对低速环链葫芦的控制方法要比其他电气控制严格，电气控制的基本要求必须满足：低速环链葫芦既能单独控制又能群控，为保证升降时方向一致要有相序控制；由于电动葫芦长期在室外工作，受日晒雨淋，因此要有防漏电、防过载、防欠载、缺相和短路保护装置；操作控制台应有电压、电流变化监控的仪表；要能与升降时的同步控制联动，与防坠装置联动。图 3-2-1 为其动力控制系统电气原理图。

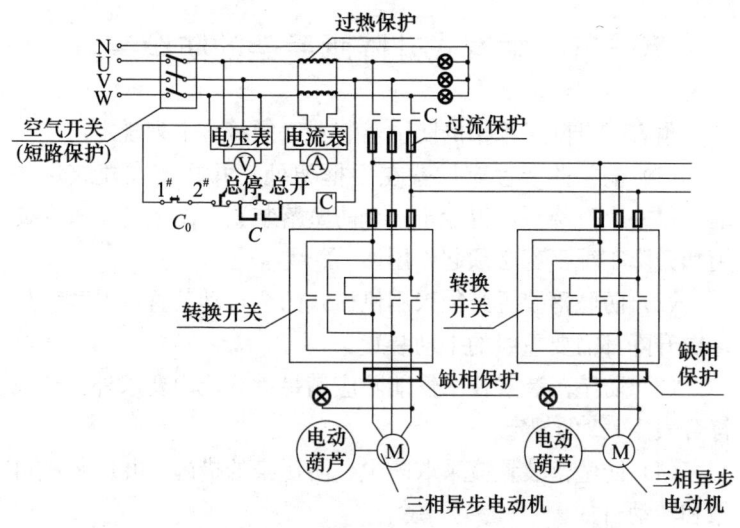

图 3-2-1 电动附着式升降脚手架动力控制系统电气原理图

二、液压附着式升降脚手架的动力控制系统

应采用液压穿心式千斤顶作为升降动力时，必须由液压泵供油，通过液压控制柜供给各液压穿心式千斤顶液压油，使其正常工作，带动附着式升降脚手架升降。液压式升降脚手架一般只有一台液压泵电动机，电气控制线路比较简单，具有防欠压、防漏电、防过载、缺相保护功能，安全性能较高。

第四章 附着式升降脚手架的安全装置

第一节 附着式升降脚手架的防坠装置

附着式升降脚手架的防坠落装置必须符合下列规定：

(1) 防坠落装置应设置在主框架处，并附着在建筑结构上，每一个升降点不得少于一个防坠落装置，防坠落装置在使用和升降工况下都必须起作用。

(2) 防坠落装置必须采用机械式的全自动装置，严禁使用每次升降都需要重组的手动装置。

(3) 防坠落装置技术性能除应满足承载能力要求外，还应符合表4-1-1的规定。

(4) 防坠落装置应采取防尘、防污染的措施，并应灵敏可靠和转动自如。

(5) 防坠落装置与升降设备必须分别独立固定在建筑结构上。

(6) 钢吊杆式防坠落装置，钢吊杆规格应由计算确定，但直径不应小于25mm。

表4-1-1 防坠落装置技术性能

脚手架类别	制动距离（mm）
整体附着式升降脚手架	≤80
单片附着式升降脚手架	≤150

第四章 附着式升降脚手架的安全装置

一、摆针式防坠器

（一）摆针式防坠器的工作原理

横梁组合在附着式升降脚手架架体的主框架的垂直轴线位置，摆针组合在摆针座的壳体内，并固定在主框架同一垂直轴线的建筑结构上，摆针与脚手架做相对运动。当发生坠落时，因下落速度较快，且横梁之间的距离是一个设计定值，在摆针还没有恢复到初始位置前，摆针上部的长齿挡住了上面一根横梁，因在摆针的转动极限位置设有阻止摆针进一步转动的挡块，阻止了架体向下坠落，起到了防止坠落的作用，如图 4-1-1 所示。

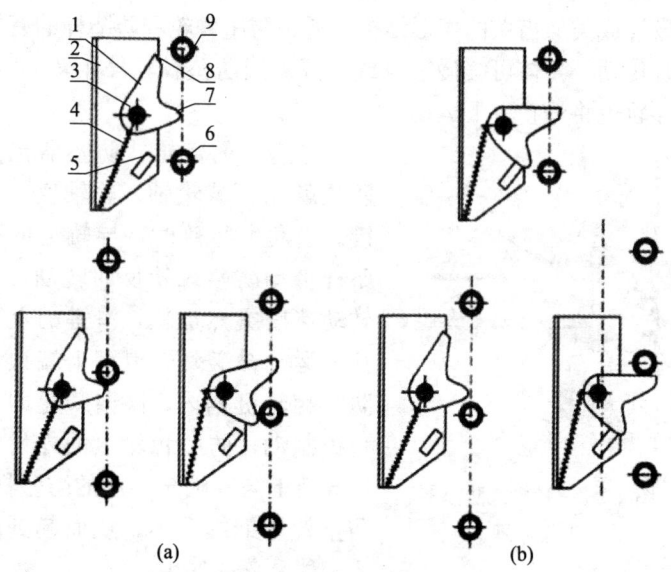

图 4-1-1 摆针式防坠器的工作原理示意图
（a）正常升降，匀速运动；（b）快速坠落，下齿阻挡
1—摆针；2—支座；3—转轴；4—弹簧；5—挡块；6—下横梁；
7—下齿；8—上齿；9—上横梁

（二）摆针式防坠器的特点

（1）滑移量大，因摆针要有一个转动的半径，且要有阻止坠落的距离，需要预留一定长度的尺寸，再加上摆针转动与升降速度一致，使短横梁之间的距离要略大于摆针的转动半径，实际上，当升降脚手架发生坠落时其滑移量是一个短横梁之间的距离。

（2）冲击力大。因坠落时滑移量大，对短横梁的强度要求也高。

二、棘轮式防坠器

（一）棘轮式防坠器工作原理

棘轮式防坠器，运用销齿传动相关原理（图 4-1-2），将导座上的防坠棘轮设计成类齿轮状结构，将导轨上的格栅式防坠杆设计成类似齿条的楔形结构，通过防坠棘轮和防坠杆的有机啮合传动，架体可缓慢上升或下降。当防坠棘轮停止转动时，则导轨也将停止上下运动。

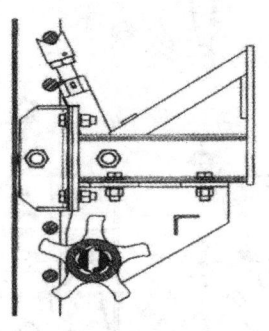

图 4-1-2 棘轮式防坠器工作原理

导座上的棘轮式防坠器包括防坠棘轮、棘轮轴、轮轴座、滑键。当发生坠落时，导轨上的防坠杆带动防坠棘轮反向转动，且转动速度突然加快，滑键的上下往复运动被破坏，滑键上端顶入防坠棘轮键槽内，防坠棘轮即刻自锁制动，防坠棘轮上的外齿卡住导轨上与其啮合传动的防坠杆，防止架体继续坠落，从而起到防止架体坠落的作用。

（二）棘轮式防坠器的特点

依据机械运动理论设计，结构合理，易生产，安装拆卸方便、省工、省时、省料、安全、高效、使用效果好。

三、导轨式斜面滚轮式防坠器

(一) 导轨式斜面滚轮式防坠器工作原理

该防坠系统是通过提升钢丝绳获取信号,通过斜面自锁的原理(图4-1-3),将提升滑轮组锁定在固定的导轨上,起到防坠作用。无论是提升吊点、电动葫芦出现问题,还是钢丝绳断裂,其原因都是钢丝绳变软不能再给拨杆提供支承力,弹簧将拨框向上顶,拨框带动提升架向上移动,制动轴上移塞在导轨和制动框之间,当箱体进一步坠落时,其同导轨相对运动,制动轴和制动框之间越挤越紧,通过斜面自锁原理将提升滑轮组制动在导轨上,起到防坠作用。

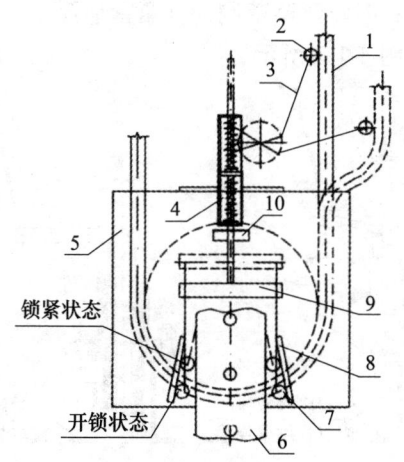

图 4-1-3 导轨式斜面滚轮式防坠器工作原理
1—提升钢丝绳;2—钢丝绳导轨;3—拨杆;4—拨框;5—箱体;
6—导轨;7—制动轴;8—制动框;9—提升架;10—导向座

(二) 导轨式斜面滚轮式防坠器特点

(1) 把防倾覆导轨与制动杆合二为一,结构紧凑,制动效果好。

(2) 该防坠器制动部分为槽钢,是固定在建筑物的墙面上的,兼作防倾覆的导轨和制动滚轮的制动面,当槽钢的制动面发生变形时制动效果变差,制动时的滑移量变大。

四、楔钳制动式防坠器

(一) 楔钳制动式防坠器工作原理

楔钳制动式防坠器与焊接在机位处托架上的槽钢连接,固定防坠杆穿过楔钳做升降过程的制动准备。当电动葫芦的环链发生断裂时,防坠器上的杠杆与电动葫芦吊钩相连的细钢丝绳松动无制约,此时弹簧座内被压缩的弹簧向上推动下推环,下推环向上推动楔钳,由于楔钳与锁体相接触部分为上小下大的锥体,楔体上移时将防坠落制动杆紧紧地锁住,起到了防止坠落的作用,如图 4-1-4 所示。

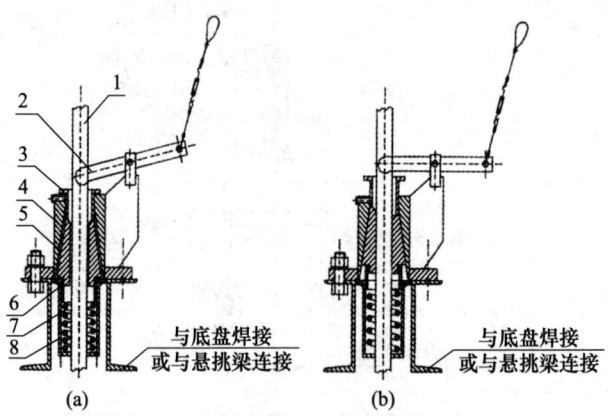

图 4-1-4 楔钳制动式防坠器工作原理
(a) 正常升降状态;(b) 防坠落锁紧状态
1—防坠落杆;2—杠杆;3—上推环;4—锁体;5—楔钳;
6—下推环;7—弹簧;8—罩壳

(二) 楔钳制动式防坠器的特点

(1) 楔钳制动式防坠器主要靠锁体与楔体的圆锥形结构在

弹簧的压力作用下产生摩擦力作用锁牢防坠杆，楔钳与防坠杆的接触面加工成倒齿形状，如果锥形面加工误差较大，会产生无法锁住的情况，因此对锥体的加工要求比较高，加工成本也较高。

（2）楔钳制动式防坠器的楔钳与防坠杆制动状态的接触面比凸轮式要大，制动时楔钳对防坠杆产生啮合状态的摩擦力比凸轮式防坠器要小，易产生滑移，制动时滑移量较大。

五、凸轮式防坠器

（一）凸轮式防坠器工作原理

主要构件：吊环、固定齿块、活动齿块（凸轮）、杠杆、连杆、弹簧机构、微动开关等组成。凸轮式防坠器安装在附着式升降脚手架的机位处，防坠制动杆穿过防坠器与防坠悬梁连接且固定在建筑物上，电动葫芦吊紧防坠器上的吊环时，连杆放松活动齿块，调节弹簧螺丝，使活动齿块与制动杆的间隙为2～3mm，如图4-1-5所示；正常无坠落情况下凸轮与制动杆不发生作用，如图4-1-6所示。

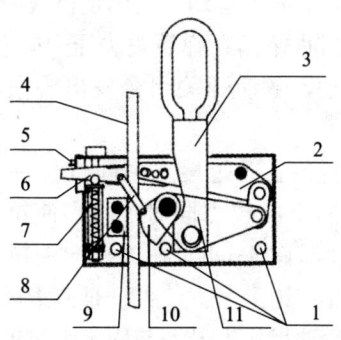

图4-1-5 凸轮式防坠器工作原理
1—连接孔与底盘连接；2—杠杆Ⅱ；3—杠杆（与电动葫芦挂钩连接）；
4—防坠杆（与防坠悬梁连接）；5—微动开关；6—杠杆Ⅲ；7—弹簧；8—连杆；
9—固定齿块；10—活动齿块（凸轮）；11—杠杆Ⅰ

27

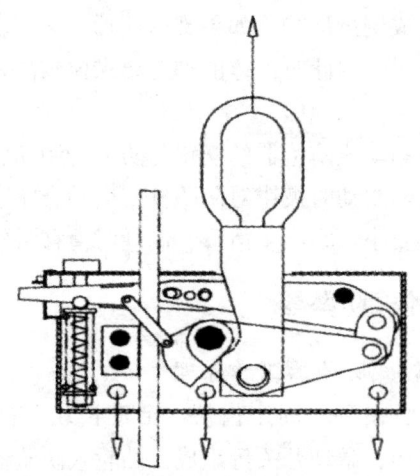

图 4-1-6 凸轮式防坠器正常升降状态工作
原理示意图

当发生坠落时（如葫芦链条断），拉杆受力为零，箱体受脚手架向下的重力，使吊环松弛，与活动齿块分开，活动齿块在杠杆的向上拉力下向上运动，与固定齿块一起在摩擦力作用下锁定防坠杆，阻止坠落；弹簧失去压力向上弹起，带动杠杆Ⅲ及连杆向上运动，微动开关闭合发出警报，如图 4-1-7（a）所示。

在发生相邻机位上升过慢，中间机位过载时，致使拉杆的受力与箱体受向下的拉力同时加大，使拉杆被强行与活动齿块分开，杠杆Ⅰ（图 4-1-5）在拉杆向上拉力的作用下向上运动，带动杠杆Ⅱ右边上升，使杠杆Ⅲ向上运动；杠杆Ⅲ带动连杆上升，拉动活动齿块上升，与固定齿块锁定防坠杆，阻止向下坠落，同时弹簧向上弹起，微动开关闭合，发出警报，如图 4-1-7（b）所示。

第四章 附着式升降脚手架的安全装置

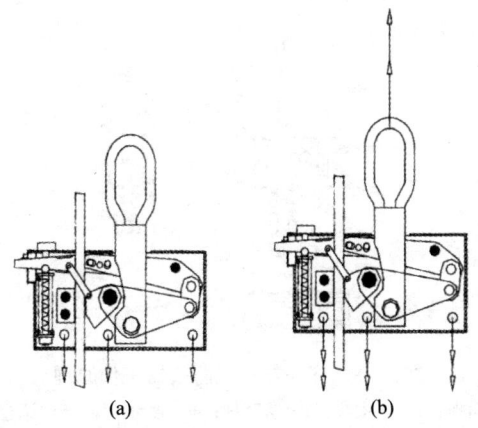

图 4-1-7 凸轮式防坠器失载及过载状态工作原理示意图
（a）失载状态工作原理；（b）过载状态工作原理

（二）凸轮式防坠器的特点

（1）凸轮式防坠器的制动触发部分一般是与电动葫芦的吊钩相连接，只有当电动葫芦的环链发生断裂时，制动触发部分才会使凸轮作出制动的动作，也就是说当脚手架架体发生坠落时防坠器才会起作用。

（2）凸轮式防坠器是附着式升降脚手架发生坠落时安全防护系统中的最后一道防线，是较早使用的防坠器。

（3）除失载的瞬间制动防坠、限载报警外，还能手动防滑，一般安全钳只有在架体突然失载时才起作用，而对葫芦制动失灵、尚未完全失载仅缓慢打滑时不起作用。本装置针对实际应用中曾遇到的葫芦打滑现象，专门设置了手动制动板，可有效阻止架体滑移。

六、穿心拉杆式防坠器

（一）穿心拉杆式防坠器工作原理

穿心拉杆式防坠器工作原理，见图 4-1-8。

29

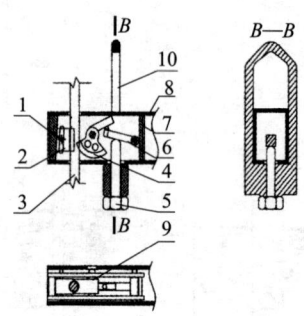

图 4-1-8 穿心拉杆式防坠器工作原理
1—导向螺钉；2—楔块；3—防坠杆；4—活动锁块；5—调整螺钉；
6—杠杆；7—防坠器外壳；8—主框架提升梁；
9—扭力弹簧；10—下吊环

穿心拉杆式防坠器安装在竖向主框架最底节提升梁内。当电动葫芦失载时，下吊环发生坠落，扭力弹簧带动活动锁块顺时针旋转，将防坠杆压紧在楔块上，楔块上部齿牙切入防坠杆基体内，从而加大楔块与防坠杆之间的摩擦力。随着架体相对于防坠杆的向下运动，楔块上的齿牙继续向防坠杆内部切入。活动锁块与防坠杆之间的摩擦力不断增大，不断将防坠杆压向楔块，从而不断增加架体与防坠杆之间的摩擦力及切削力，直至架体下坠停止。

（二）穿心拉杆式防坠器的特点

（1）穿心拉杆式防坠器主要靠活动锁块、楔块在扭力弹簧的压力作用下压紧在防坠杆上，产生摩擦力作用而锁牢防坠落杆，楔块与防坠杆的接触面加工成倒齿形状，如果锥形面加工误差较大，会产生无法锁住的情况，对锥体的加工要求比较高。

（2）结构简单、容易安装，安装在竖向主框架最底节提升梁内，封闭较好，不易被污损。

第二节　附着式升降脚手架的防倾覆装置

一、防倾覆装置的作用

因附着式升降脚手架重心位置较高，而附着式升降脚手架升降时的吊点位置在机位底部上方，且在重心下面，使附着式升降脚手架架体极易向外或向内倾斜，而导致倾覆事故，所以附着式升降脚手架在升降时必须安装防倾覆装置。

二、防倾覆装置的设置要求

（1）防倾覆装置中应包括导轨和两个以上与导轨连接的可滑动的导向件，在防倾导向件的范围内应设置防倾覆导轨，且应与竖向主框架可靠连接。

（2）在升降和使用两种工况下，最上和最下两个导向件之间的最小间距不得小于 2.8m 或架体高度的 1/4。

（3）应具有防止竖向主框架倾斜的功能。

（4）应采用螺栓与附墙支座连接，其装置与导轨之间的间隙应小于 5mm。

三、防倾覆装置的结构形式

防倾覆装置可以防止附着式升降脚手架内外倾覆，使用时在每个附墙支座设置一组防倾覆装置，每个机位共设置有三个附墙支座。导向架上的导轮与导轨形成直线运动，在升降过程中，控制架体沿导轮滑移，从而起到限位和防倾覆作用。常用的防倾覆装置的结构形式有以下三种：

（1）如图 4-2-1 所示，工字钢导轨的防倾覆装置，与附着式升降脚手架的主框架分体组合安装，在不同层高施工时可以灵活调节。

（2）如图 4-2-2 所示，钢管导轨式防倾覆装置，钢管导轨与主框架组合成一体，在不同层高施工时无需调节。

（3）如图 4-2-3 所示，槽钢焊接导轨式防倾覆装置，槽钢导轨在两个槽钢背靠背中间焊接支撑杆，在不同层高施工时无需调节。

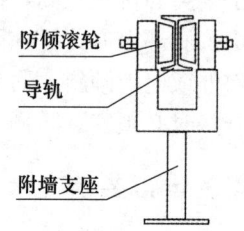

图 4-2-1　工字钢导轨式防倾覆装置

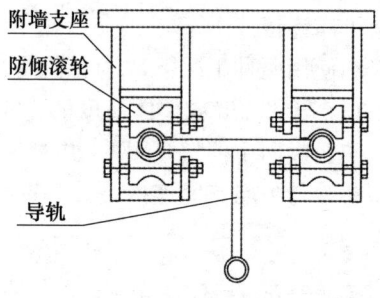

图 4-2-2　钢管导轨式防倾覆装置

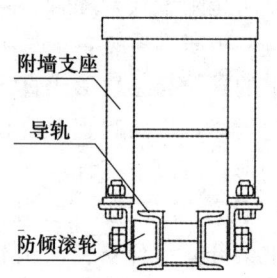

图 4-2-3　槽钢焊接导轨式防倾覆装置

第五章 相关理论知识

第一节 施工现场安全用电基础知识

一、施工现场临时用电的特点

施工现场临时用电是指为建筑施工工地现场提供电力，以满足建筑工程建设的需求。在建筑施工现场，随着施工机械化和自动化程度的不断提高，用电场所越来越广泛，可以说没有电力也就没有现代化的建筑施工。施工用电具有大容量和临时使用的双重性质，容易使施工企业在电线架设、电气元件、电缆质量的选择、各类电器的选配以及电路的设置等方面存在短期行为，从而使用电事故的发生概率大大增加，特别是因漏电而引发的人身触电伤害事故概率也随之增加，触电已成为建筑业"五大伤害"之一。

（一）建筑施工现场临时用电具有明显的特点

（1）临时用电是一项系统工程，涉及人员（设计人员、安装人员、使用人员）、机械（各类型的用电设备）、材料（电缆、电线、电器开关和安全防护用品等）、方法（设计图、施工工艺）、环境（现场工作环境及气候条件）等环节。

（2）临时用电具有一定的临时性和不稳定性。当建设工程施工正常进行时，供电系统必须能保证正常工作，以满足施工用电的要求。当建设工程施工完成时，供电系统的工作结束。

因此，施工现场供电是临时性供电。

（3）临时用电受地理位置和气候条件影响较大。电气装置、配电线路、用电设备等易受风吹、日晒、雨淋、污染和腐蚀介质的侵害，使绝缘性能降低，极易发生意外机械损伤、绝缘损坏并导致漏电，形成安全事故隐患。

（4）临时用电施工机械具有相当大的周转性和移动性，尤其是手持电动工具，随着施工的进展不断地移动，供电导线很容易被现场材料、物件等缠绕。

（5）临时用电涉及的人员多，且施工现场是多工种交叉作业的场所，非电气专业人员使用电气设备相当普遍，而这些人员的安全用电知识和技能水平又相对较低。因此，人身触电伤害事故较其他场所更易发生。

临时用电的特点要求必须认真设计施工现场临时用电方案，使其安全、可靠。

（二）建筑施工供电应考虑的问题

（1）选择合适的电源。

（2）确定施工现场总用电量。

（3）选择电源的最佳位置。

（4）在平面图上布局供电线路支线和干线。

（5）计算配电导线截面面积。

（6）绘制电力供应平面布置图。

综上所述，保障施工现场安全用电是一项十分重要的工作。为了有效防止施工现场各种意外触电伤害事故的发生，保障人身安全、财物安全，应采取完备、可靠的安全防护措施，严格按《施工现场临时用电安全技术规范》（JGJ46—2005）的要求实施。

二、施工现场临时用电原则

《施工现场临时用电安全技术规范》（JGJ 46—2005）（以下

简称《规范》确立了建筑施工现场临时用电的三项基本原则：一是必须采用 TN-S 接零保护系统，二是必须采用三级配电系统，三是必须采用两级漏电保护系统。

（一）配电系统

为了对配电系统有正确认识，我们应首先了解配电系统的基本分类，如图 5-1-1 所示。建筑工程供电使用的基本供电系统有三相三线制、三相四线制等，但这些名词术语不是十分严格的。1983 年，国际电工委员会（IEC）对此做了统一规定，即为 TT 系统、TN 系统、IT 系统。其中 TN 系统又分为 TN-C、TN-S、TN-C-S 系统。

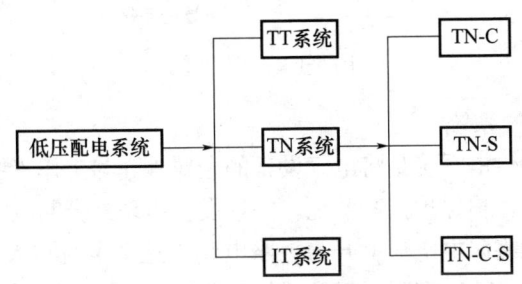

图 5-1-1　低压配电系统的基本方式

1. TT 系统

TT 系统是指将电气设备正常情况下不带电的金属外壳直接接地的保护系统，也称保护接地系统，它的特点如下：

（1）当电气设备的金属外壳带电（相线碰壳或设备绝缘损坏而漏电）时，由于有接地保护，可以大大减少触电的危险性。

但是，低压断路器（自动开关）不一定能跳闸，造成漏电设备的外壳对地电压高于安全电压，属于危险电压。

（2）当漏电电流比较小时，即使有熔断器，也不一定能熔断，所以还需要漏电保护器保护。

(3) TT 系统接地装置耗用钢材较多，而且难以回收，费工时、费料。

(4) TT 系统适用于接地保护点很分散的地方，如图 5-1-2 所示。

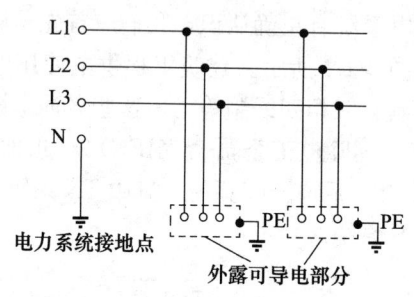

图 5-1-2　TT 系统

2. TN 系统

这种供电系统是将电气设备的金属外壳与工作零线相接的保护系统，称保护接零系统。一旦设备出现外壳漏电，接零保护系统能将漏电电流上升为短路电流，这个电流很大，是 TT 系统的 5.3 倍，实际上就是单相对地短路故障，熔断器熔丝会熔断，低压断路器的脱扣器会立即动作而跳闸，使故障设备断电，比较安全。TN 系统节省材料、工时，在我国应用广泛，比 TT 系统优点多。TN 系统又分为 TN-C、TN-S、TN-YC-S 系统。

(1) TN-C 系统。它是用工作零线兼作接零保护线，可以称作保护中性线，用 PEN 表示，该系统的特点如下：

① 当三相负载不平衡时，工作零线上就有不平衡电流，对地有电压，所以与保护线所连接的电气设备金属外壳都有一定的电压。

② 如果工作零线断线，则保护接零的漏电设备外壳带电（包括断线点后面的所有设备）。

③ 如果电源的相线碰地，则设备的外壳电位升高，使中性线上的危险电位蔓延。

④ TN-C 系统干线上使用漏电保护器时，工作零线后面的所有重复接地必须拆除，否则漏电开关合不上闸；同时，工作零线在任何情况下都不得断线。所以，实用中工作零线只能让漏电保护器的上侧有重复接地。

⑤ TN-C 系统（图 5-1-3）只适用于三相负载基本平衡的情况。

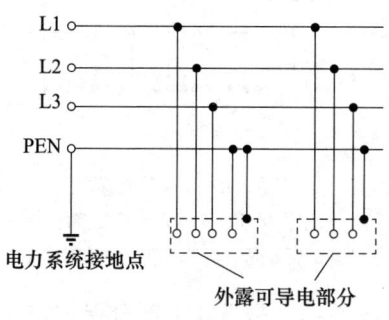

图 5-1-3 TN-C 系统

（2）TN-S 系统。它是把工作零线 N 和专用保护线 PE 严格分开的供电系统，称作 TN-S 系统，它的特点如下：

① 系统正常运行时，专用保护线上没有电流，只是工作零线上有不平衡电流。PE 线对地没有电压，所以电气设备金属外壳接零保护是接在专用的保护线 PE 上的，既安全又可靠。

② 工作零线只用作单相或三相四线制用电设备。

③ 干线上使用漏电保护器时，工作零线不得重复接地，而 PE 线有重复接地，但不经过漏电保护器，所以 TN-S 系统供电干线上也可以安装漏电保护器。

④ 保护零线 PE 上严禁装设开关或熔断器，严禁通过工作

电流,且严禁断线。

⑤ 采用 TN-S 接零保护系统安全可靠,适用于工业与民用建筑低压供电系统。在建筑工地必须采用 TN-S 方式供电系统,如图 5-1-4 所示。

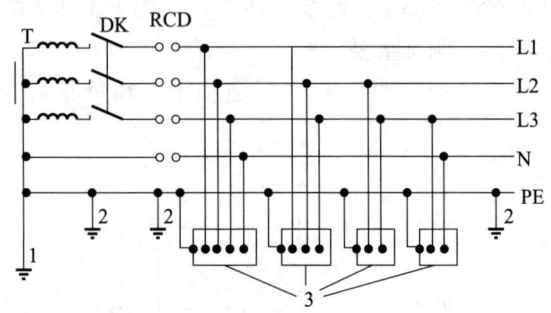

图 5-1-4　TN-S 系统
1—工作接地；2—PE 线重复接地；
3—电气设备金属外壳（正常不带电的外露可导电部分）

(3) TN-C-S 系统。是干线上部分保护零线与工作零线前部分共用,后部分分开的系统,它的特点如下:

① 工作零线 N 与保护线 PE 合一的部分线路,由于负载不平衡,所以零线上有一定的电压,这个电压的大小取决于 ND 线的负载不平衡的程度及 ND 段线路的长短。所以要求负载不平衡电流不能太大,而且在 PE 线上应做重复接地。

② PE 线在任何情况下都不得进入漏电保护器,因为线路末端的漏电保护器动作会使前级漏电保护器跳闸,造成大范围停电。

③ 对 PE 线除了在总箱处必须和 N 线相接以外,其他各分箱处均不得把 N 线与 PE 线相连,PE 线上不许安装开关和熔断器,也不得用大地兼作 PE 线,如图 5-1-5 所示。

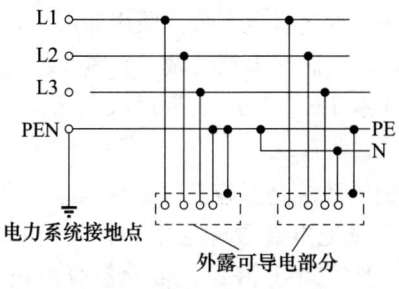

图 5-1-5　TN-C-S 系统

3. IT 系统

IT 系统是电源中性点不接地或经过高阻抗接地，而电气设备外壳进行接地的保护系统。它的特点如下：

（1）在供电距离不是很长时，供电的可靠性高、安全性好。

（2）设备漏电时，单相对地漏电电流很小，不会破坏电源电压的平衡。

（3）此系统适用于不允许停电的场所，或者是要求严格地连续供电的地方，如电力炼钢、大医院的手术室、地下矿井等，如图 5-1-6 所示。

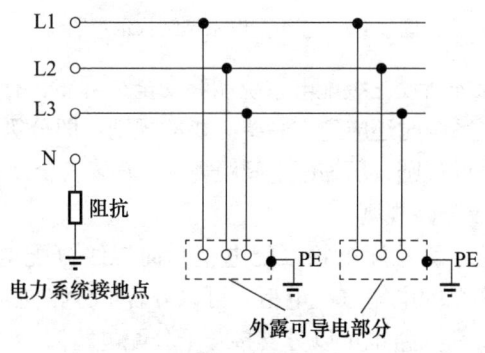

图 5-1-6　IT 系统

通过上述各供电系统的分析，在建筑施工现场采用 TN-S 方式接零保护系统，既安全又可靠，这也是《规范》所要求的。如果现场为 TN-S 供电系统，照用即可，如果现场为 TN-C 或 TT 系统，则在总配电箱处做一组重复接地，从零线端子板分出一条保护线 PE，构成局部 TN-S 系统。

（二）三级配电系统

所谓三级配电系统是指施工现场从电源进线开始至用电设备之间，经过三级配电装置配送电力，即由总配电箱（一级箱）或配电室（配电柜）开始，依次经分配电箱（二级箱）、开关箱（三级箱）到用电设备。这种分三个层次逐级配送电力的系统就称为三级配电系统，如图 5-1-7 所示。

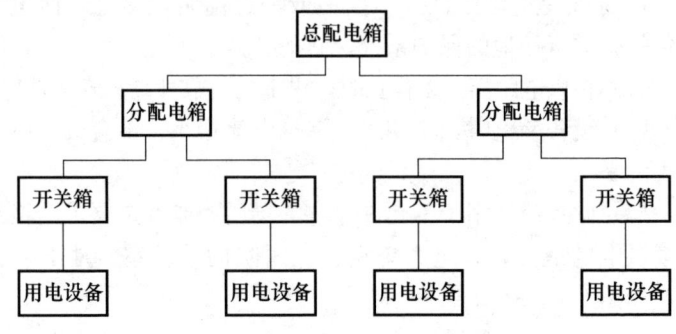

图 5-1-7　三级配电系统结构示意图

为了保证所设三级配电系统能够安全、可靠、有效地运行，在实际设置系统时还应遵守一些必要的规则，即分级分路规则、动力照明分设规则、压缩配电间距规则、环境安全规则。

1. 分级分路规则

（1）从一级总配电箱（配电柜）向二级分配电箱可以分路。即一个总配电箱（配电柜）可以分若干分路向若干分配电箱配电；每一分路也可以分支接若干分配电箱。

（2）从二级分配电箱向三级开关箱配电同样也可以分路。即一个分配电箱也可以分若干个分路向若干个开关箱配电，而其每一分路也可以支接或连接若干个开关箱。

(3) 从三级开关箱向用电设备配电实行所谓"一机一闸"制,不存在分路问题。即每一个开关箱只能控制一台与其相关的用电设备(含插座),包括一组不超过30A负荷的照明器或每一台用电设备必须有其独立专用的开关箱。按照分级分路规则的要求,在三级配电系统中,任何用电设备均不得超级配电,即其电源线不得直接联结于分配电箱或总配电箱;任何配电装置不得挂接其他临时用电设备。

2. 动力照明分设规则

(1) 动力配电箱与照明配电箱宜分别设置,若动力与照明合置于同一配电箱内共箱配电,则动力与照明应分路配电。

(2) 动力开关箱与照明开关箱必须分箱设置,不存在共箱分路设置问题。

3. 压缩配电间距规则

压缩配电间距规则是指除总配电箱(或配电室的配电柜)外,分配电箱与开关箱之间,开关箱与用电设备之间的空间距离应尽量缩短。按照《规范》的规定,压缩配电间距规则有三个要点,即:

(1) 分配电箱应设在用电设备或负荷相对集中的场所。

(2) 分配电箱与开关箱的距离不得超过30m。

(3) 开关箱与其供电的固定式用电设备的水平距离不宜超过3m。

4. 环境安全规则

环境安全规则是指配电系统对其装置和运行环境安全因素的要求,环境安全规则要求:

(1) 环境应保持干燥、通风、常温。

(2) 周围无易燃易爆物及腐蚀介质。

(3) 能避开外物撞击、强烈振动、液体浸溅和热源烘烤。

(4) 周围无灌木、无杂草丛生,易引发电器事故。

(5) 周围不堆放器材、杂物,以便于通行,并保证设备大门正常开启,人员有操作空间。

(6) 配电设备不应放在低洼、下雨易被浸泡的部位。

(三) 两级漏电保护

两级漏电保护系统包括两个内容,一是设置两级漏电保护系统;二是专用保护零线 PE 的设施,两者组合形成了施工现场防触电的两道防线。

(1) 两级漏电保护是指在整个施工现场临时用电系统中,总配电箱中必须装设漏电保护器,所有开关箱中也必须装设漏电保护器。

(2) 在施工现场临时用电系统中,采用 TN-S 系统,在工作零线(N)以外又增加了一条保护线(PE),这是十分必要的。当三相火线用电量不均匀时,工作零线 N 就容易带电,随着 PE 线在施工现场的敷设和漏电保护器的使用,就形成一个覆盖整个施工现场的防止人身(间接接触)触电的安全保护系统。

(3) 漏电保护器的选择应符合国家标准《家用和类似用途的剩余电流动作保护器(RCD)电磁兼容性》(GB/T 18499—2008)的要求。

三、施工现场临时用电的基本保护系统

在施工现场的供电系统中,无论其供电方式如何,都属于电源中性点直接接地的 380/220V 三相四线制低压电力系统。为了保证在用电过程中,系统能够安全可靠地运行,并对系统本身在运行过程中可能出现的如接地、短路、过载、漏电等故障进行防范,在系统结构配置中必须设置一些与保护要求相适应的子系统,即接地保护系统、过载与短路保护系统、漏电保护系统,它们共同组成了用电系统的基本保护系统。

(一) 接地保护系统

1. 接地保护系统的基本分类

前面讲过,在电源中性点直接接地的低压电力保护系统

中,电气设备的接地保护系统分为三大类:一类是 TT 系统;二类是 TN 系统;三类为 IT 系统。TN 系统又分为三种基本形式:TN-C 系统、TN-S 系统、TN-C-S 系统,而施工现场的保护系统为 TN-S 系统。

2. TN-S 系统的确定

(1) 在施工现场用电工程专用的电源中性点直接接地的 380/220V 三相四线制低压电力系统中,必须采用 TN-S 接零保护系统,严禁采用 TN-C 接零保护系统。

(2) 当施工现场与外电线路共用同一供电系统时,电气设备的接地、接零保护应与原系统保持一致。不得一部分设备做保护接零,另一部分设备做保护接地。

(3) TN-S 接零保护系统对 PE 线的设置与要求。

① PE 线的引出位置。对专用变压器供电时的 TN-S 接零保护系统,PE 线必须由工作接地线、配电室(配电柜)电源侧零线处或总漏电保护器电源侧零线处引出。

② PE 线与 N 线的连接关系。经过总漏电保护器后 PE 线与 N 线应分开,而后不得再作电气连接。

③ PE 线与 N 线的应用区别。PE 线是保护零线,只用于连接电气设备外露可导电部分,其在正常工作情况下无电流通过,且与大地等电位;N 线是工作零线,作为电源线用于连接单相设备或三相四线设备,在正常工作情况下会有电流通过,被视为带电部分,且对地呈现电压。所以,在实际用电中不得混用和代用。

④ PE 线的重复接地。PE 线的重复接地不应少于三处,应分别设置于供配电系统的首端、中间和末端,每处重复接地电阻(指工频接地的电阻值)不大于 10Ω。

重复接地必须与 PE 线相连接,严禁与 N 线相连接,否则 N 线中的电流将会分流经大地和电源中性点工作接地处形成回路,使 PE 线对地电位升高而带电。

PE 线重复接地的目的：一是降低 PE 线的接地电阻；二是防止 PE 线断线而导致接地保护失效。

⑤ PE 线的绝缘色。为了明显区分 PE 线、N 线，以及相线，按照国际统一标准，PE 线一律采用黄绿双色绝缘线，在任何情况下，不准用黄绿双色线作负荷线。

（二）过载与短路保护系统

过载是指用电系统线路或设备中的电流在运行过程中超过设计规定限值的状态。短路是指用电系统线路或设备在运行过程中负载阻抗突然消失，而线路或设备中的电流迅速达到某种极限值的状态。过载或短路对用电系统来说都是一种非正常的运行状态或者说是一种故障。这种故障不仅对用电系统本身有极大的危害，而且对使用用电系统的人和物品也具有极大的隐患。

1. 过载与短路故障的危害

（1）过载的危害

根据电流的热效应与电流的平方成正比的关系可知，当配电线路或用电设备过载时，线路或设备的发热量就要增加，温度也会随之升高。当温度超过了其绝缘允许温升时，绝缘就要被烧毁，以致被点燃并引发短路、火灾和触电伤害。有时即使过载量不大，也会由于长时间过热，加速绝缘老化，而使线路或设备漏电增加，失去正常运行功能，并有导致短路和人身触电伤害的潜在危险。

（2）短路的危害

短路可视为一种极限过载状态，当配电线路或用电设备发生短路时，由于瞬间绝缘和负荷阻抗消失，电流剧增，因而常伴随着因绝缘和空气被击穿而引发的弧光放电和因剧烈电流热效应引发的气体剧烈膨胀的爆裂声。在这种情况下，不仅短路点周围的人员会受到触电、弧光放电、灼热、机械的伤害，而且很容易点燃邻近的易燃易爆物，引发电器火灾。如不及时处置，其危害范围会迅速扩大。

2. 过载与短路保护系统设置的要点

(1) 采用三级过载与短路保护系统。所谓采用三级过载与短路保护系统，是指在施工现场基本配电系统三级配电装置的总配电箱（配电柜）、分配电箱、开关箱中，均应设置熔断器或断路器。其中断路器允许用兼有漏电保护功能的漏电断路器代替。

(2) 多回路配电装置的总路和分路中均应设置熔断器或断路器。即在总配电箱（配电柜）、分配箱的总路和分路中都要设置熔断器或断路器。

（三）漏电保护系统

漏电是电气系统的不同带电体之间及带电体与正常不带电的外露可导电部分之间，因绝缘损坏而出现的传导性泄漏电流的一种非正常现象或故障。其不仅对用电系统本身的安全运行具有较大的危害，而且是对使用用电系统的人和物品具有较大的潜在危害。

1. 漏电对用电系统的危害

(1) 漏电对用电系统的危害

漏电对用电系统的危害主要表现在使系统运行过程中电压、电流不稳定、电能损耗增加，严重时导致系统局部或全部停电。

(2) 漏电对人身的危害

漏电对人身的危害主要表现在以下三个方面：

第一，当用电系统的设备或线路发生漏电时，不同程度地会使电气设备外露可导电部分带了电，而且使正常不带电部分变为带电部分，同时呈现出对地电压。如果地面上的人体无意间接触到这些部分，就会受到触电的伤害，这种触电称为间接接触触电。第二，电气设备或线路何时何部位漏电，漏电程度如何，人们是无法预知的，也就是说因漏电而对人体造成触电伤害具有很难预测的潜在危险。第三，电气设备的外露可导电部分在正常情况下是不带电的，所以人们在心理上、精神上就很自然地失去因接触它而意外发生触电伤害的警觉。由此可见，这种间接接触触电，从某种意义上来说，比人体直接接触到在正常情况下即带电的带电体所发生的所谓直接接触触电的危险性和危害性更大。

（3）漏电对财产的危害

漏电对财产的危害主要表现在漏电引致电火并烧毁财产的危害。在许多场合电气设备或线路漏电往往伴随着电火花或电弧的产生，如果其周围存在易燃易爆物，则会被点燃并引致火灾。由此引发的电气火灾无疑会给财产造成损失，有时对火灾场所的人员也会造成巨大的伤害。

2. 漏电保护系统设置要点

（1）采用二级漏电保护系统。是指在施工现场基本供配电系统的总配电箱（配电柜）和开关箱首、末二级配电装置中，设置漏电保护器。其中，总配电箱（配电柜）中的漏电保护器可以设置于总路，也可以设置于各分路，但不必重复设置。

（2）实行分级、分段漏电保护原则。具体体现在合理选择总配电箱（配电柜）、开关箱中漏电保护器的额定漏电动作参数上。从避免人体间接接触触电角度出发，对设置开关箱和总配电箱的漏电保护器的漏电动作参数如下规定：

① 开关箱中漏电保护器的额定漏电动作电流不应大于30mA，额定漏电动作时间不应大于0.1s。

用于潮湿或有腐蚀介质场所的漏电保护器应采用防溅型产品，其额定漏电动作电流不应大于15mA，额定漏电动作时间不应大于0.1s。

② 总配电箱中漏电保护器的额定漏电动作电流应大于30mA，额定漏电动作时间应大于0.1s，但其额定漏电动作电流与额定漏电动作时间的乘积不应大于30mA·s。

③ 总配电箱和开关箱中漏电保护器的极数和线数必须与其负荷的极数和线数一致。

④ 漏电保护器应按产品说明书安装、使用。对作用时间较长、再次使用或连续使用的漏电保护器应定期检测其功能是否正常，发现问题应及时修理或更换。漏电保护器的正确使用接线方法应按图 5-1-8 所示选用。

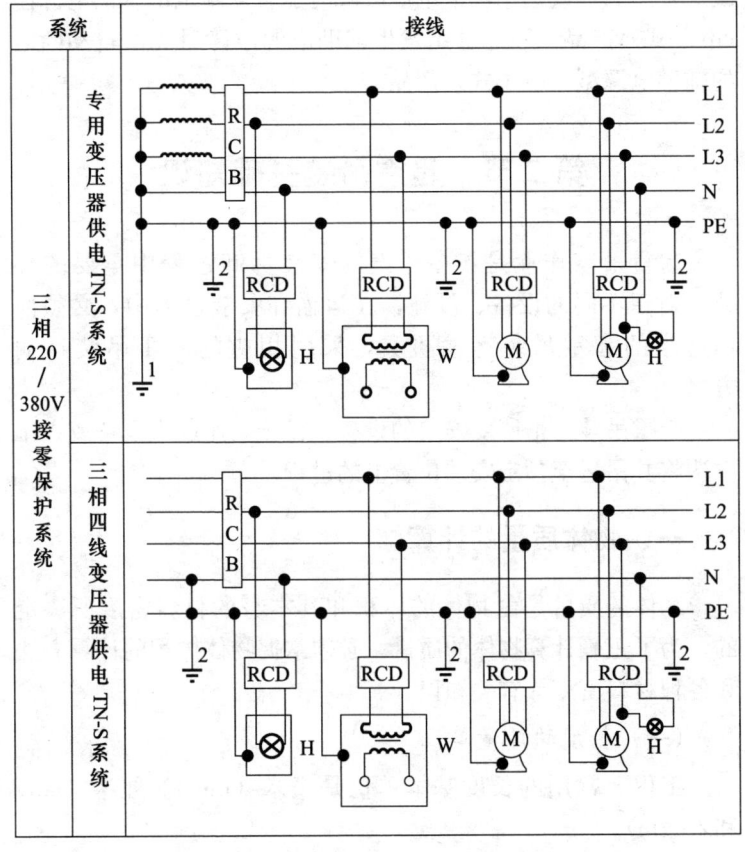

图 5-1-8　漏电保护器使用接线方法示意图

L1、L2、L3—相线；N—工作零线；PE—保护零线、保护线；
1—工作接地；2—重复接地；RCB—带剩余电流保护的断路器；
RCD—漏电保护；H—照明器；W—电焊机；M—电动机

⑤ 漏电保护器的电源进线类别（相线或零线）必须与其进线端的标记一一对应，不允许交叉混接，更不允许将 PE 线当 N 线接入漏电保护器。

⑥ 漏电保护器在结构选型时，宜选用无辅助电源型（电磁式）产品，或选用辅助电源故障时能自动断电的辅助电源型（电子式）产品。不能选用发生辅助电源故障时无法自动断电的辅助电源型（电子式）产品。

第二节 起重吊装基础知识

起重吊装作业是设备、设施安装拆卸过程中重要的环节。对于不同的设备、设施，在运输和安装过程中，必须使用适当的起重吊装运输机具，采用相应的起重吊装运输方式。

起重吊装是把所要安装的设备、设施，用起重设备或人工方法将其吊运至预定安装位置上的过程。

一、物体质量的计算

物体的质量是由物体的体积和其本身的材料密度所决定的。为了正确计算物体的质量，必须掌握物体体积的计算方法和各种材料密度等有关知识。

（一）长度的计量单位

工程上常用的长度基本单位是毫米（mm）、厘米（cm）和米（m）。

（二）面积的计算

物体体积的大小与其截面面积的大小成正比。各种规则几何图形的面积计算公式见表 5-2-1。

第五章 相关理论知识

表 5-2-1　平面几何图形面积计算公式表

名称	图形	面积计算公式
正方形		$S=a^2$
长方形		$S=ab$
平行四边形		$S=ah$
三角形		$S=\dfrac{1}{2}ah$
梯形		$S=\dfrac{(a+b)h}{2}$
圆形		$S=\dfrac{\pi}{4}d^2$ （或 $S=\pi R^2$） 式中　d——圆直径； 　　　R——圆半径
圆环形		$S=\dfrac{\pi}{4}(D^2-d^2)=\pi(R^2-r^2)$ 式中　d、D——内、外圆环直径； 　　　r、R——内、外圆环半径
扇形		$S=\dfrac{\pi R^2 a}{360}ab$ 式中　a——圆心角（°）

（三）体积的计算

物体的体积大体可分两类：即具有标准几何形体的和由若干规则几何体组成的复杂形体两种。对于简单规格的几何形体的体积计算可直接由表 5-2-2 中计算公式查取，对于复杂的物体体积，可将其分解成多个规则的或近似的几何形体，查表 5-2-2 按相应计算公式计算并求其体积的总和。

表 5-2-2　各种规则几何体体积计算公式

名称	图形	公式
立方体		$V=a^3$
长方体		$V=abc$
圆柱体		$V=\dfrac{\pi}{4}d^2h=\pi R^2h$ 式中　R——圆柱底面半径 　　　d——圆柱底面直径
空心圆柱体		$V=\dfrac{\pi}{4}(D^2-d^2)h$ 　$=\pi(R^2-r^2)h$ 式中　r、R——圆柱底面内、外半径 　　　D、d——圆柱底面内、外直径
斜截圆柱体		$V=\dfrac{\pi}{4}d^2\dfrac{(h_1+h)}{2}$ 　$=\pi R^2\dfrac{(h_1+h)}{2}$ 式中　R——圆柱底面半径； 　　　d——圆柱底面直径； 　　　h、h_1——分别为圆柱体两边的高
球体		$V=\dfrac{4}{3}\pi R^3=\dfrac{1}{6}\pi d^3$ 式中　d——球体直径； 　　　R——球体半径
圆锥体		$V=\dfrac{1}{12}\pi d^2h=\dfrac{1}{3}\pi R^2h$ 式中　R——底圆半径 　　　d——底圆直径
三棱体		$V=\dfrac{2}{1}bhl$ 式中　b——边长； 　　　h——高； 　　　l——三棱体长

（四）质量的计算

计算物体质量时，离不开物体材料的密度，所谓密度是指由一种物质组成的物体的单位体积内所具有的质量，其单位是 kg/m^3。

物体的质量可根据下式计算：

物体的质量＝物体的材料密度×物体的体积

$$m=\rho \times v$$

式中　m——物体的质量（kg）；

　　　ρ——物体的材料密度（kg/m^3）；

　　　v——物体的体积（m^3）。

二、物体重心的计算

（一）重心的概念

重心是物体所受重力的合力的作用点，物体的重心位置由物体的几何形状和物体各部分的质量分布情况来决定。质量分布均匀、形状规则的物体的重心在其几何中心。物体的重心可能在物体的形体之内，也可能在物体的形体之外。

（1）物体的形状改变，其重心位置可能不变。如一个质量分布均匀的立方体，其重心位于几何中心。当该立方体变为一长方体后，其重心仍然在其几何中心；当一杯水倒入一个弯曲的玻璃管中，其重心就发生了变化。

（2）物体的重心相对物体的位置来说是固定的，不会随物体放置的位置改变而改变。

（二）重心的确定

（1）材质均匀、形状规则的物体的重心位置容易确定，如均匀的直棒，它的重心在其中心点上，均匀球体的重心就是它的球心，直圆柱的重心在它的圆柱轴线的中点上。

（2）对形状复杂的物体，可以用悬挂法求出它们的重心。如图 5-2-1（a）所示，方法是在物体上任意找一点 A，用绳子把它悬挂起来，物体的重力和悬索的拉力必定在同一条直线上，也就是重心必定在通过 A 点所画的竖直线 AD 上；如图 5-2-1（b）所示，取任一点 B，同样把物体悬挂起来，重心必定在通过 B 点的竖直线 BE。这两条直线的交点，就是该物体的重心。

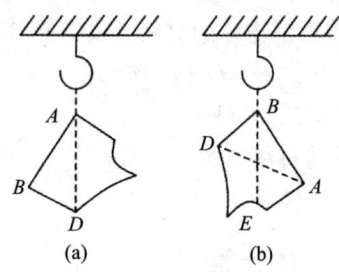

图 5-2-1 悬挂法确定形状不规则的物体重心

三、吊点的选择

（一）吊点选择的一般原则

在起重作业中，应当根据被吊物体来选择吊点，吊点选择不当将会造成绳索受力不均，甚至发生被吊物体转动、倾覆的危险。吊点的选择，一般按下列原则进行：

（1）吊运各种设备、构件时要用原设计的吊耳或吊环。

（2）吊运各种设备、构件，如果没有吊耳或吊环，可在设备四个端点上捆绑吊索，然后根据设备具体情况，选择吊点，使吊点与重心在同一条垂线上。

（3）吊运方形物体时，四根绳应拴在物体的四边对称点上。

（二）细长物体吊点位置的确定方法

吊装细长物体时，如桩、钢筋、钢柱、钢梁杆件，应按计算确定吊点位置绑扎绳索，吊点位置的确定有以下几种情况。

（1）一个吊点：起吊点位置应设在距起吊端 0.3L（L 为物体的长度）处。如钢管长度为 10m，则捆绑位置应设在距钢管起吊端端部 10×0.3＝3（m）处，如图 5-2-2（a）所示。

（2）两个吊点：如起吊用两个吊点，则两个吊点应分别距物体两端 0.21L 处。如果物体长度为 10m，则吊点位置为 10×0.21＝2.1（m）处，如图 5-2-2（b）所示。

（3）三个吊点：如物体较长，为减少起吊时物体所产生的应力，可采用三个吊点。三个吊点位置确定的方法是，首先用距物体两端 0.13L 确定出两端的两个吊点位置，然后把两吊点间的距离二等分，即得第三个吊点的位置，也就是中间吊点的位置。如杆件长 10m，则两端吊点位置为 10×0.13＝1.3（m）处，如图 5-2-2（c）所示。

（4）四个吊点：选择四个吊点，首先用 0.095L 确定出两端的两个吊点位置，然后再把两吊点间的距离三等分，即得中间两吊点位置。如杆件长 10m，则两端吊点位置分别距杆件两端 10×0.095＝0.95（m），中间两吊点位置分别距两端 10×0.095＋10×(1－0.095×2)/3＝3.65（m）处，如图 5-2-2（d）所示。

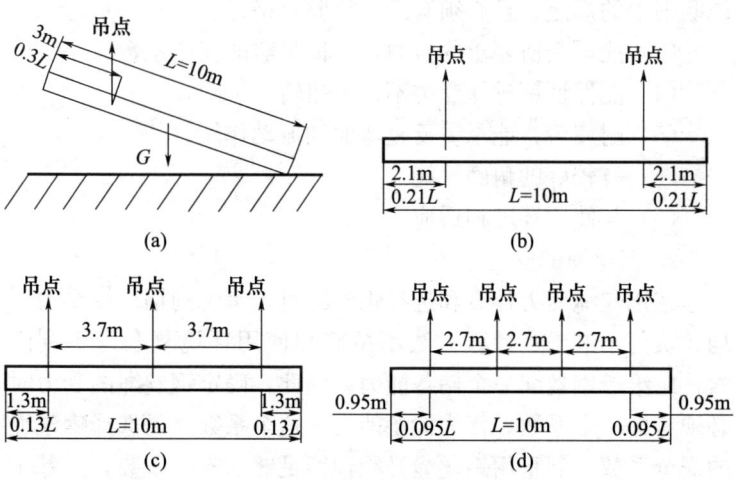

图 5-2-2　吊点位置选择示意图
（a）单个吊点；（b）两个吊点；（c）三个吊点；（d）四个吊点

四、常用起重吊具索具

起重吊装作业中要使用多种辅助工具，如钢丝绳、钢丝绳夹、卸扣等。

（一）钢丝绳

钢丝绳是起重作业中必备的重要部件。钢丝绳通常由多根钢丝绳捻制而成。钢丝绳具有强度高、自重轻、弹性大等特点，能承受振动荷载，能卷绕成盘，能在高速下平稳运行，且噪声小，广泛应用于捆绑物体及起重机起升、牵引、缆风等。

1. 钢丝绳的选用

选用钢丝绳应遵循下列原则：

（1）所用钢丝绳长度应满足起重机的使用要求，并且在卷筒上的终端位置应至少保留三圈钢丝绳。

（2）应遵守起重机操作手册和由钢丝绳制造商给出的使用说明书中的规定，且必须有产品检验合格证。

（3）能承受所要求的拉力，保证足够的安全系数。

（4）能保证钢丝绳受力不发生扭转。

（5）耐疲劳，能承受反复弯曲和振动作用。

（6）有较好的耐磨性能。

（7）与使用环境相适应。

2. 钢丝绳的安全系数

在钢丝绳受力计算和选择钢丝绳时，考虑到钢丝绳受力不均、负荷不准确、计算方法不精确和使用环境复杂等不利因素，应给予钢丝绳一个储备能力。因此，确定钢丝绳的受力时必须考虑一个系数，作为储备能力，这个系数就是选择钢丝绳的安全系数、起重用钢丝绳必须预留足够的安全系数，是基于以下因素确定的：

（1）钢丝绳的磨损、疲劳破坏、锈蚀、不恰当使用、尺寸误差、制造质量缺陷等不利因素带来的影响。

（2）钢丝绳的固定强度达不到钢丝绳本身的强度。

（3）由于惯性及加速作用（如启动、制动、振动等）而造成的附加载荷。

（4）由于钢丝绳通过滑轮槽时的摩擦阻力作用。

（5）吊重时的超载影响。

（6）吊索及吊具的超重影响。

（7）钢丝绳在绳槽中反复弯曲而造成的危害。

钢丝绳的安全系数是不可缺少的安全储备，绝不允许凭借这种安全储备而擅自提高钢丝绳的最大允许安全荷载，钢丝绳的安全系数见表5-2-3。

表 5-2-3 钢丝绳的安全系数

用途	安全系数	用途	安全系数
作缆风绳	3.5	作吊索、无弯曲时	6～7
用于手动起重设备	4.5	作捆绑吊索	8～10
用于机动起重设备	5～6	用于载人的升降机	14

3. 钢丝绳的储存

（1）装卸运输过程中，应谨慎小心，卷盘或绳卷不允许坠落，也不允许用金属吊钩或叉车的货叉插入钢丝绳。

（2）钢丝绳应储存在凉爽、干燥的仓库里，且不应与地面接触，严禁存放在易受化学烟雾、蒸汽或其他腐蚀剂侵袭的场所。

（3）储存的钢丝绳应定期检查，如有必要，应对钢丝绳进行包扎。

（4）户外储存时，地面上应垫枕方，并用防雨布等进行覆盖，以免湿气导致锈蚀。

（5）从起重机上卸下的待用钢丝绳，应进行彻底的清洁，并在储存之前对每一根钢丝绳进行包扎。

(6) 长度超过 30m 的钢丝绳应在卷盘上储存。

(7) 为搬运方便，内部绳端应首先被固定到邻近的外圈。

4. 钢丝绳的固定与连接

钢丝绳与卷筒、吊钩滑轮组或起重机结构的连接，应采用起重机制造商规定的钢丝绳端接装置，或经起重机设计人员、钢丝绳制造商或有资格人员的准许的供选方案。

终端固定应确保安全可靠，并且应符合起重机操作手册的规定。常用的连接和固定方式有编织连接、楔块连接、楔套连接、绳夹连接、锥形套浇筑法及铝合金套压缩法。

5. 钢丝绳的维护

对钢丝绳进行维护应与起重机、起重机的使用环境以及所涉及的钢丝绳类型有关。除起重机或钢丝绳制造商另有指示外，钢丝绳在安装时应涂以润滑脂或润滑油。使用后钢丝绳应在必要部位做清洗工作，而对在一定使用期限内重复使用的钢丝绳，特别是绕过滑轮长度范围内的钢丝绳在出现裂纹或锈蚀迹象之前，均应使其保持良好的润滑状态。

钢丝绳的润滑油应与钢丝绳制造商使用的原始润滑油一致，且具有渗透力强的特性。

从卷轴或钢丝绳卷上抽放钢丝绳时，应在干净的地方进行拖拉，采取措施防止钢丝绳弯折、扭结或沾染杂物，防止外界因素对钢丝绳的损坏、腐蚀而使其性能降低。

使用中避免两股钢丝绳在交叉或叠压状态下受力，合理设计卷绕系统的结构，尽量减少钢丝绳弯折次数并避免其反向弯折，防止钢丝绳打结、扭曲、过度弯曲和划磨。

为防止备用钢丝绳的损坏，应储存在清洁、通风且干燥的仓库内，钢丝绳技术参数的标记应保存好。

6. 钢丝绳吊索的安全使用

(1) 制作吊索的钢丝绳应是符合《重要用途钢丝绳》(GB/T 8918—2006) 中规定的多股钢丝绳。

(2) 多股吊索任何股间有效长度在无载荷测量时,误差不得超过钢丝绳直径的±2倍或不大于规定长度的±0.5%。

(3) 吊索两端插接连接索眼之间最小净长度,不得小于该吊索钢丝绳公称直径的40倍。

(4) 环形插接连接吊索的最小周长,应不小于该吊索钢丝绳公称直径的96倍。

(5) 索眼绳端固定连接应避免一端相对另一端扭转。

(6) 当索眼与端部配件连接时,宜镶嵌相应的索具套环。否则端部配件与软索眼接触连接部位的曲率半径不得小于钢丝绳的公称直径。

(7) 直接挂入起重机械吊钩的硬索眼应与吊钩尺寸相匹配,两者之间必须有足够的间隙,以确保硬索眼能挂入钩底。

(8) 吊索必须由整根绳索制成,中间不得有接头,环形吊索只允许有一处接头。

7. 钢丝绳吊索的报废

钢丝绳吊索,当出现下列情况之一时,应停止使用、维修、更换或报废。

(1) 无规律分布损坏,在6倍钢丝绳直径的长度范围内,可见断丝总数超过钢丝总数的5%。

(2) 钢丝绳局部可见断丝损坏;有三根以上断丝聚集在一起。

(3) 索眼表面出现集中断丝或断丝集中在金属套管、插接处附近,插接连接绳股中。

(4) 钢丝绳严重锈蚀:柔性降低,表面粗糙,在锈蚀部位实测钢丝绳直径已不到原公称直径的93%。

(5) 因打结、扭曲、挤压造成钢丝绳畸变、压破、绳芯损坏或钢丝绳压扁超过原公称直径的20%。

(6) 钢丝绳热损坏:由于电弧、熔化金属液浸烫或长时间暴露于高温环境中引起的强度下降。

（7）插接处严重受挤压、磨损或绳径缩小到原公称直径的 95％。

（8）绳端固定连接的金属套管或插接连接部分滑出。

（9）端部配件按各报废标准执行。

（二）钢丝绳夹

钢丝绳夹是制作索扣的快捷工具，如操作正确，强度可为钢丝绳自身强度的 80％。其正确布置方向如图 5-2-3 所示，为减小主受力端钢丝绳的夹持损坏，夹座应扣在钢丝绳的工作段上，U 形螺栓扣在钢丝绳尾段上，钢丝绳夹不得在钢丝绳上交替布置。绳夹的间距 A 不应小于钢丝绳直径的 6 倍。钢丝绳的紧固强度取决于绳径和绳夹匹配，以及一次紧固后的二次调整紧固。绳夹在实际使用中，受载一次后应作检查，离套环最远处的绳夹不得首先单独紧固，离套环最近处的绳夹应尽可能地靠紧套环，但不得损坏外层钢丝。钢丝绳夹所用的数量与绳径相关，按表 5-2-4 选取。

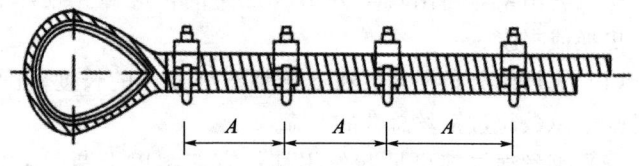

图 5-2-3　钢丝绳夹正确布置方向

表 5-2-4　钢丝绳夹数量的选用

绳夹公称尺寸 钢丝绳公称直径（mm）	<7	7～<16	16～<20	20～<26	26～<40
钢丝绳夹最少数量（组）	3	5	6	7	8

A 型钢丝绳夹如图 5-2-4 所示，其技术参数见表 5-2-5。

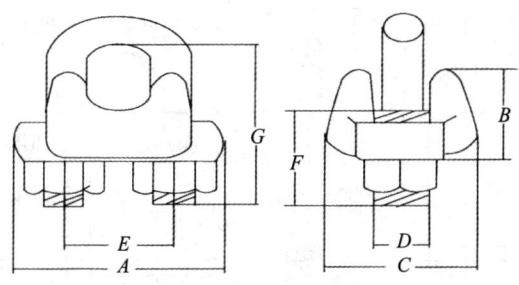

图 5-2-4　A 型钢丝绳夹

表 5-2-5　A 型钢丝绳夹技术参数

型号 (mm)	A (mm)	B (mm)	C (mm)	D (mm)	E (mm)	F (mm)	G (mm)	质量 (kg)
6	22.5	14	17	5	12	14	24	0.025
8	28	17	21	6	15	16	30	0.045
10	38	21	28	8	19	20	37	0.09
12	45	27	34	10	24	25	47	0.18
15	52	32	40	12	29	30	57	0.28
20	62	38	47	14	36	36	71	0.48
22	69	43	52	16	40	39	78	0.62

（三）卸扣

卸扣又称卡环，是起重作业中广泛使用的连接工具，它与钢丝绳等索具配合使用，拆装颇为方便。

1. 卸扣的分类

按其外形可分为直形卸扣和椭圆形卸扣，如图 5-2-5 所示。

2. 卸扣使用注意事项

（1）卸扣必须是锻造的，一般是用 20 号钢锻造后经过热处理而制成的，以便消除残余应力，增加其韧性，不能使用铸造和补焊的卸扣。

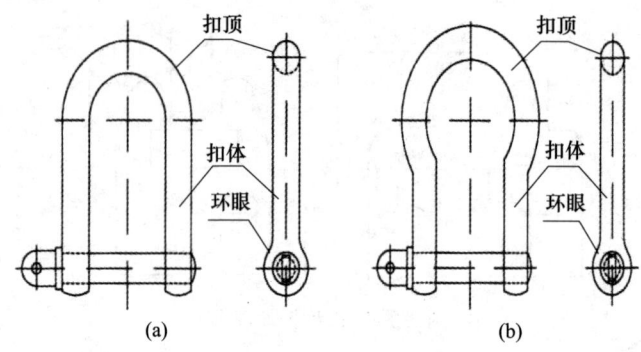

图 5-2-5 卸扣分类
(a) 直形卸扣；(b) 椭圆形卸扣

(2) 卸扣使用时不得超过规定的荷载，应使销轴与扣顶受力，不能横向受力。横向使用会造成扣体变形。

(3) 吊装时，使用卸扣绑扎。在吊物起吊时，应使扣顶在上、销轴在下，使绳扣受力后压紧销轴，销轴因受力在销孔中产生摩擦力，使销轴不易脱出

(4) 不得从高处往下抛掷卸扣，以防卸扣落地碰撞变形或内部产生损坏及裂纹。

3. 卸扣的报废

卸扣出现以下情况之一时，应予以报废：

(1) 裂纹。

(2) 磨损达原尺寸的 10%。

(3) 本体变形达原尺寸的 10%。

(4) 销轴变形达原尺寸的 5%。

(5) 螺栓坏扣或滑扣。

(6) 卸扣不能闭锁。

(四) 螺旋扣

螺旋扣，又称"花篮螺栓"，如图 5-2-6 所示，其主要用在张紧和松弛拉紧拉索、缆风绳等，故又被称为"伸缩节"。

其形式有多种，尺寸大小则随负荷轻重而有所不同。

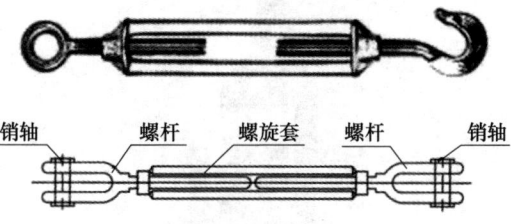

图 5-2-6　螺旋扣

螺旋扣的使用应注意以下事项：
（1）使用时应钩口向下。
（2）防止螺纹压坏。
（3）严禁超负荷使用。
（4）长期不用时，应在螺纹上涂好防锈油脂。

（五）滑车和滑车组

滑车和滑车组是起重吊装、搬运作业中较常用的起重工具。滑车一般由吊钩（链环）、滑轮、轴、轴套和夹板等组成，如图 5-2-7 所示。

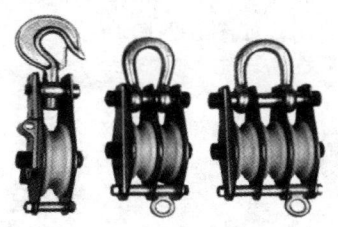

图 5-2-7　滑车

（六）常用起重工具

1. 千斤顶

千斤顶是一种用较小的力将重物顶高、降低或移位的简单而方便的起重设备，如图 5-2-8 所示。

图 5-2-8 千斤顶

千斤顶分为液压式、螺旋式和齿条式。

液压式体积小，相对承载能力大；螺旋式能够水平放置或倒置使用；齿条式行程较长，但自重相对较重。

2. 手拉葫芦、手扳葫芦

手拉葫芦又称"倒链"，它适用于小型设备和物体的短距离吊装、移动，尤其适用于狭小场地、无电源起重作业场合，如图 5-2-9 所示。

手扳葫芦的功能与手拉葫芦相近，手扳葫芦更适于水平及倾斜牵引、吊装使用，如图 5-2-10 所示。

图 5-2-9 手拉葫芦　　　　图 5-2-10 手扳葫芦

使用中应注意以下几点：

（1）手拉葫芦、手扳葫芦使用时应按其额定荷载使用，严禁超载。

（2）使用前需检查传动部分是否灵活，链子、吊钩及轮轴是否有裂纹，手拉链是否有跑链或掉链等现象。

（3）当拉（或扳）不动时，应查明原因，不能强行增加人力猛拉，以免造成事故。

（4）挂上重物后，要缓慢拉动链条，当起重链条受力后再检查各部分有无变化，自锁装置是否有效，经检查确认各部分情况正常后，方可继续工作。

（5）起吊重物中途停止时间较长时，应将手拉链拴在起重链上，以防时间过长使自锁失灵。

（6）转动部分要经常上油，保证润滑，减少磨损，但不要将润滑油渗进摩擦片内，以防自锁失灵。

第三节 液压传动基础知识

一、液压传动的基本原理

液压系统利用液压泵将机械能转换为液体的压力能，再通过各种控制阀和管路的传递，借助液压执行元件（液压缸或液压马达）把液体压力能转换为机械能，从而驱动工作机构，实现直线往复运动或回转运动。

图 5-3-1 是一个简单、完整的液压传动系统，其工作原理如下。

推动油缸活塞伸出时，手动换向阀 6 处于上升位置，液压泵 4 由电动机带动旋转后，从油箱 1 中吸油，油液经滤油器 2 进入液压泵 4，由液压泵 4 转换成压力油 P 口→A 口→HP（高压胶管 7）→节流阀 12→液控单向阀 m→油缸无杆腔，推动缸筒上升，同时打开液控单向阀 n，以便回油反向流动。回油：油杆腔→液控单向阀 n→HP（高压胶管 7）→手动换向阀 B 口→T 口→油箱。

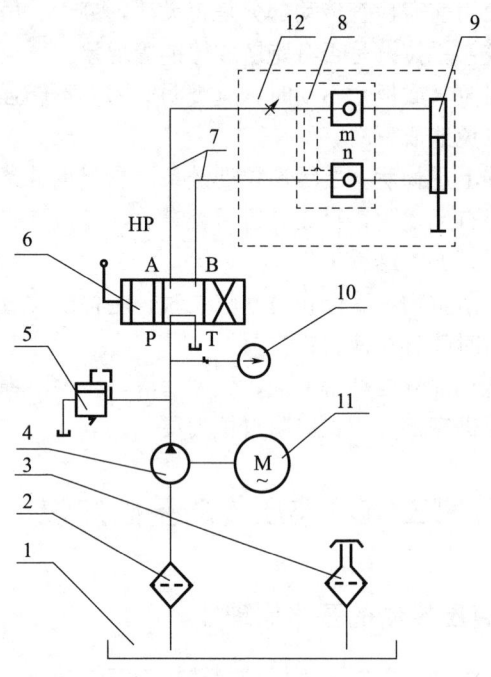

图 5-3-1 液压系统示意图
1—油箱；2—滤油器；3—空气滤清器；4—液压泵；5—溢流阀；
6—手动换向阀；7—HP（高压胶管）；8—双向液压锁；
9—顶升油缸；10—压力表；11—电动机；12—节流阀

推动油缸活塞杆收缩时，手动换向阀 6 处于下降位置，压力油 P 口→B 口→HP（高压胶管 7）→液控单向阀 n→油缸有杆腔，同时压力油也打开液控单向阀 m，以便回油反向流动。回油：油缸无杆腔→液控单向阀 m→HP（高压胶管 7）→手动换向阀 A 口→T 口→油箱。

卸荷：手动换向阀 6 处于中间位置，电动机 11 启动，油泵 4 工作，油液经滤油器 2 进入液压泵 4，再到手动换向阀 6 中间位置由 P 口→T 口回到油箱 1，此时系统处于卸荷状态。

二、液压系统的主要元件

（一）动力元件

动力元件供给液压系统压力，并将原动机输出的机械能转换为油液的压力能，从而推动整个液压系统工作，最常用的是液压泵，其能为液压系统提供压力。

液压泵一般分为齿轮泵、叶片泵和柱塞泵等种类。其中柱塞泵是靠柱塞在液压缸中往复运动造成容积变化来完成吸油与压油的。轴向柱塞泵是柱塞中心线互相平行于缸体轴线的一种泵，有斜盘式和斜轴式两类。斜盘式的缸体与传动轴在同一轴线上，斜盘与传动轴成一定倾斜角，既可以是缸体转动，也可以是斜盘转动，如图 5-3-2（a）所示。斜轴式的则为缸体相对传动轴轴线成一定倾斜角。轴向柱塞泵具有结构紧凑，径向尺寸小，结构也比较复杂，如图 5-3-2（b）所示。轴向柱塞泵在高工作压力的设备中应用很广。

（二）执行元件

执行元件是把液压能转换成机械能的装置，以驱动工作部件运动。最常用的是液压缸或液压马达。

1. 液压缸

一般用于实现往复直线运动或摆动，将液压能转换为机械能，是液压系统中的执行元件。

2. 液压马达

液压马达也是将压力能转换成机械能的转换装置。与液压油缸不同的是，液压马达是以转动的形式输出机械能。液压马达有齿轮式、叶片式和柱塞式之分。

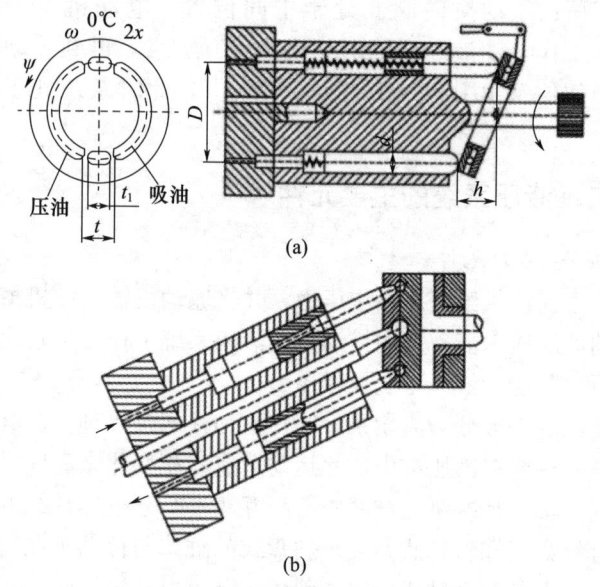

图 5-3-2 柱塞泵工作原理图
（a）斜盘式柱塞泵；（b）斜轴式柱塞泵

液压马达和液压泵从原理上讲，它们是可逆的。当电动机带动其转动时由其输出压力能（压力和流量），即为液压泵；反之，当压力油输入其中，由其输出机械能（转矩和转速），即是液压马达。

（三）控制元件

控制元件（即各种液压阀）在液压系统中控制和调节液体的压力、流量和方向，以保证执行元件完成预期的工作运动。根据控制功能的不同，液压阀可分为压力控制阀、流量控制阀和方向控制阀。压力控制阀又分为溢流阀（安全阀）、减压阀、顺序阀、压力继电器等；流量控制阀包括节流阀、调整阀、分流集流阀等；方向控制阀包括单向阀、液控单向阀、换向阀等，下面介绍几种常用的液压阀。

1. 溢流阀

溢流阀是一种液压压力控制阀，通过阀口的溢流，使被控制系统压力维持恒定，实现稳压、调压、限压。其依靠弹簧力和油的压力平衡来实现液压泵供油压力的调节，如图 5-3-3 所示。

图 5-3-3　溢流阀

2. 换向阀

换向阀是借助于阀芯与阀体之间的相对运动来改变油液流动方向的阀。按阀体连通的主要油路数不同，换向阀可分为二通、三通、四通等；按阀芯在阀体内的工作位置不同，换向阀可分为二位、三位、四位等；按操作方式不同，换向阀可分为手动、电磁动、机动、液动、电液动等。最常用的换向阀是三位四通电磁换向阀、二位四通电磁换向阀。下面介绍三位四通电磁换向阀的工作原理。

如图 5-3-4 所示，阀芯有三个工作位置，即左位、中位、右位，称为三位，阀体上有四个通路 T、A、B、P 称为四通，P 为进油口，T 为回油口，A、B 为通往执行元件两端的油口，阀体两端由电磁铁控制，此阀称为三位四通电磁换向阀。当阀芯处于中位时，各通道均堵住，液压缸两腔既不能进油，也不能回油，此时活塞锁住不动。当左位电磁铁 E 带电时，阀芯处于左位，压力油从 P 口流入，A 口流出，回油从 B 口流入，T 口流回油箱，此时油缸活塞杆伸出。当右位电磁铁 F 带电时，阀芯处于右位，压力油从 P 口流入，B 口流出，回油从 A

口流入，T口流回油箱，此时换向阀换向，油缸活塞杆缩回。

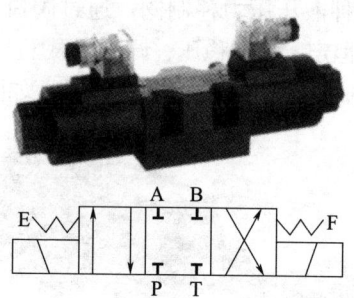

图 5-3-4　三位四通换向阀的工作原理

3. 流量控制阀

流量控制阀是通过改变液流的通流截面来控制系统工作流量，以改变执行元件运动速度。常用的流量控制阀有节流阀（图 5-3-5）和调速阀。

图 5-3-5　节流阀

4. 辅助元件

辅助元件指各种管接头、油管、油箱、过滤器、压力表、液位计、温度计等，起连接、储油、过滤、测量油压、测量油位、测量油温等辅助作用，以保证液压系统可靠、稳定、持久地工作。

三、液压油

液压油是液压系统的工作介质，指在液压系统中承受压力并传递压力的油液，也是液压元件的润滑剂和冷却剂。

（一）液压油的性质

液压油的性质对液压传动性能有明显的影响。因此，在选用液压油时应注意液压油的黏度随温度变化的性能、抗磨损性、抗氧化安定性、抗乳化性、抗剪切安定性、抗泡沫性、抗燃性、抗橡胶溶胀性、防锈性等。

液压油性质的不同，其价格也相差很大。在选择液压油时，应根据设备说明书的规定并结合使用环境选用适合的液压油，避免浪费。

（二）液压油的更换

油箱在第一次加满油后，经开机运转应向油箱内进行二次加油，并使液压油至油位观察窗上限，以确保油箱内有足够的油液循环。

在使用过程中，由于液压油氧化变质，各种理化性能下降。因此，应及时更换液压油，换油周期可按以下几种方法确定。

（1）综合分析测定法：依靠化验仪器定期取样测定主要理化性能指标，连续监控油的变质状况。

（2）固定周期换油法：是指按液压系统累计运转小时数换油。通常按使用说明书要求的周期进行更换。

（3）经验判断法：通过采集油样与新油外观比对，观看油液有无颜色、水分、沉淀、泡沫、异味、黏度等差异，综合各类情况作出外观判断与处理。当液压油变成乳白色，或混入杂质、金属粉末，应过滤或换油；当液压油变成黑褐色，或有臭味、氧化变质，应全部更换。

第六章　附着式升降脚手架常见安全事故与处理

第一节　附着式升降脚手架常见事故类型及分析

一、某附着式升降脚手架坠落事故

2019年3月，某市某工程项目附着式升降脚手架下降时发生坠落事故，造成7人死亡、4人重伤，事故等级为较大事故。

（一）事故发生经过

该工程主体爬架和装修爬架分别位于101a号交联立塔24~27层和16.5~19层，当日13时左右，作业班组拆除101a号交联立塔东北角爬架（架体高约22.5m、长约19m，质量超过20t）时发生坠落事故，架体底部距地面高度约92m。爬架坠落过程中与底部的落地架相撞（落地架顶端离地面约44m），导致部分落地架架体损坏。

（二）事故原因分析

1. 直接原因

（1）违规采用钢丝绳代替爬架提升支座，人为拆除爬架所有防坠器及防倾覆装置，并拔掉同步控制装置信号线，致使架体邻近吊点荷载增大，引起局部损坏，架体失去超载保护和停机功能，产生连锁反应，造成架体整体坠落，是事故发生的直接原因。

(2) 作业人员违章在下降的架体上作业和在落地架上交叉作业是导致事故后果扩大的直接原因。

2. 间接原因

(1) 项目管理混乱。一是该项目总承包公司未认真履行统一协调、管理职责，现场安全管理混乱；二是该项目安全员擅自更改爬架下降作业前检查验收表中监理单位签字栏；三是备案项目经理长期不在岗，安全员充当现场实际负责人，冒充项目经理签字，相关方未采取有效措施予以制止；四是项目部安全管理人员工作时间与劳务人员作业时间不一致，作业过程缺乏有效监督。

(2) 违章指挥。一是安全部负责人肖某通过微信传达作业流程，指挥爬架施工人员拆除爬架部分防坠及防倾覆装置（实际已全部拆除），致使爬架失去防坠控制；二是项目部工程部经理杨某、安全员吕某违章指挥爬架分包单位与劳务分包单位人员在爬架和落地架上同时作业；三是在落地架未经验收合格的情况下，杨某违章指挥劳务分包单位人员上架从事外墙抹灰作业及墙洞修补作业。

(3) 项目架子工持假证问题。4名爬架作业人员持有的架子工资格证书存在伪造情况。

3. 事故教训与警示

(1) 附着式升降脚手架在安装、升降、拆除作业前应严格履行验收与检查程序，验收通过后方可进行施工。

(2) 现场管理人员未能及时发现违章施工，发现后未及时予以制止，对工人的安全教育及作业前安全技术交底工作不到位，架子工未做到持证上岗，以致出现安全事故。

(3) 施工单位和专业承包单位要严格进行附着式升降脚手架产品的安全技术管理，加强附着式升降脚手架结构件的产品检验报告书、产品合格证书以及防坠落装置检验报告书的审查。

二、某工地附着式升降脚手架严重变形事故

2018年某月,某城市某商住楼工地附着式升降脚手架施工中造成架体严重变形、结构件损坏无法使用事故。

(一)事故发生经过

该商住楼西侧单元架体在下降运行过程中,由于一个机位防坠器故障卡阻了导轨,造成架体下降运行过程中架体严重变形,结构件损坏无法使用,只得做拆除处理。

(二)事故原因分析

1. 直接原因

(1)防坠器构件设计不合理,防坠器在下降运行过程中容易失效,也易发生卡阻现象,该架体采用的星轮式防坠器,在正常运行过程中也发生了卡阻现场,不能自动复位,且架体防坠器长期没有进行维护保养,导致不能正常工作。

(2)同步控制系统失效,在运行过程中一个机位发生卡阻不能正常下降运行时,该机位失载,同时两侧机位超载,同步荷载控制系统对失载和超载情况不能及时报警,也无法自动停机,同步控制系统形同虚设。

2. 间接原因

(1)在运行过程中现场监督不到位,运行时操作人员配备不足,操作人员责任心不强,导致巡查不到位,出现问题不能及时发现,在作业过程中没有认真履行职责,未能对运行情况进行实时监控。

(2)现场管理人员对架体关键部位检查不严或检查出问题后不能及时采取有效措施进行处理,各构件没有按照要求定期进行维护保养,工人安全意识薄弱,对工人监管不严,没有严格执行安全技术交底制度。

(3)使用单位、监理单位在运行过程中没有派人进行旁站监督。

3.事故教训与警示

(1)脚手架施工单位必须严格按照施工方案和操作规程进行施工,制定合理的检查制度,对架体安全装置定期检查和保养,发现问题及时整改,消除安全隐患,严格执行安全技术交底制度,确保架体安全装置齐全有效、架体各结构件正常。

(2)脚手架使用单位必须监督脚手架施工单位严格落实安全专项施工方案,认真履行各项安全制度,对架体结构进行仔细检查,核实脚手架型式、构配件等是否与鉴定产品一致。在架体搭拆、升降作业时派专人监督,在架体使用和运行前,严格落实检查制度并旁站监督。

第二节 附着式升降脚手架各类紧急情况处置措施

一、安装过程中的紧急情况处置

1.安装平台搭设不规范,附着式升降脚手架架体单元吊装后导致平台变形或失稳,应急处置措施如下。

(1)搭设负责人应立即通知停止后续吊装作业。

(2)在确保安全的情况下,将变形处架体单元吊运至地面,并对架体进行检查,及时更换变形构件。

(3)对已完成安装的架体及安装平台进行检查,确保无异常情况。

(4)对安装平台变形部位进行拆除,重新对安装平台进行设计计算,并将存在问题部位的安装平台拆除重新搭设,搭设完成后重新组织验收合格后方可进入下一道工序。

2.吊装架体单元荷载超过塔式起重机起重量极限,应急处置措施如下。

(1)搭设负责人在安装作业前必须掌握塔式起重机不同荷载区域的起重量极限,并合理分配安装吊装架体单元。

（2）塔式起重机在起吊架体单元时，应先将吊物吊离地面200~500mm，检查塔式起重机性能是否正常，待吊物稳定后方可起吊。

（3）吊装过程中随幅度变化接近塔式起重机起重量极限时，应缓慢控制塔式起重机小车行进，并将架体单元落至原起吊区域。

（4）结合塔式起重机吊装参数，重新对架体单元进行划分后方可进行安装。

3. 安装过程中遇恶劣天气情况的，应急处置措施如下。

（1）立即停止安装工作。

（2）对正在吊装的架体单元，应在确保安全的前提下，吊落至安全区域。

（3）对已安装完毕及安装过程中的架体，采取与结构拉结的措施，满足安装附墙支座条件的应及时安装附墙支座及防坠装置。

二、升降过程中的紧急情况处置

（1）升降作业时，架体上存在站人或堆载杂物等情况，或由于操作人员未完全清理运行中的障碍物，导致架体在升降过程中碰撞变形，应急处置措施如下：

① 每次升降作业前，必须对架体上人员、材料及其他影响架体升降的障碍物进行检查和清理，并组织总承包单位、监理单位对架体提升条件进行验收，验收合格后方可开始升降作业。

② 在提升过程中，如果发现架体上存在异常情况，应立即暂停提升，待架体上人员撤离、材料进行清理后方可继续提升。

③ 如在升降过程中发生碰撞，应立即停止升降工作，并对架体进行全面检查，及时拆除障碍物，并对已变形构件进行

维修或更换。

（2）升降过程中突然断电，应急处置措施如下：

① 立即关闭架体用电总开关及各机位控制箱电源。

② 立即安装附墙支座处的防坠装置及其他加固措施。

③ 做好临边及底部防护措施。

④ 联系专业电工对现场配电系统及架体电路进行排查，确认断电原因及恢复用电时间。

（3）升降过程中，由于旁站人员不足或同步装置失效等原因，导致架体未同步提升，相邻机位高差超过《规范》要求，应急处置措施如下：

① 升降作业时需配备充足的操作人员，进行合理分工，在升降过程中对每个机位进行监控。

② 如架体出现未同步提升，应立即暂停架体升降，对架体各机位进行全面排查，确认未同步原因。

③ 对同步装置进行维修或更换，恢复后对未同步机位进行单片架体微调，待调整为同步后，方可继续进行升降作业。

（4）升降过程中升降机构（电动葫芦、液压油缸）或其他构件发生故障或损坏，应急处置措施如下：

① 应立即停止架体升降，如强行运行，将会发生架体变形或结构拉裂等状况。

② 对升降机构进行检查排障，如需更换电动葫芦或液压油缸，应将故障位置处导轨用钢丝绳与结构进行拉结，钢丝绳受力后，将电动葫芦或液压油缸缓慢卸力拆卸，更换备用电动葫芦或油缸，测试正常后，方可继续使用。

③ 对架体进行全面排查，对发生故障的构件进行维修或更换。

（5）升降过程中导轨与附墙支座间形成夹角，操作人员未及时发现，导致混凝土拉裂现象，应急处置措施如下：

① 当架体发生剧烈振动或异响时，应立即停止升降作业。

② 立即安排人员检查异常原因。

③ 对拉裂部位混凝土进行修复或加固。

④ 对架体垂直度进行检查并调整，确认附墙支座及吊点安装是否合理。

(6) 升降过程中由于翻板打开，导致杂物从缝隙中坠落，应急处置措施如下：

① 每次升降作业前必须对架体上杂物进行清理。

② 升降过程中，架体下方需设置警示区并拉上警戒线，禁止非操作人员进入。

③ 架体在升降单元所覆盖范围内，禁止人员作业。

(7) 提升前由于工期或气候原因导致混凝土强度不满足提升要求的，应急处置措施如下：

① 禁止提升作业。

② 待混凝土强度等级达到设计要求后，方可进行提升作业。

(8) 升降后附墙支座因障碍物或预埋孔偏位等无法安装，应急处置措施如下：

① 清除影响附墙支座安装部位的障碍物。

② 如暂时无法安装架体，必须采取其他措施与建筑物内稳定结构进行拉结，防止架体倾覆。

③ 如预埋孔偏位，应立即安排人员重新进行开孔，确保附墙支座全部安装。

(9) 由于附墙支座无法安装或预埋孔位不精准，导致升降作业过程中导轨等构件变形，应急处置措施如下：

① 升降作业前，必须检查所有附墙支座是否安装到位，如存在附墙支座未安装情况，严禁进行升降作业。

② 对已变形部位构件，使用手拉葫芦进行校正，附墙支座预埋孔位不精准的，需重新进行开孔安装。

③ 对架体升降条件重新进行检查，确认无异常后，方可

继续进行升降作业。

（10）升降过程中遇恶劣天气，应急处置措施如下：

① 如遇五级及以上大风天气应立即停止升降作业，关闭架体用电总开关及切断各机位的控制箱电源，安装防坠装置，同时增设其他拉结措施，防止架体倾覆。

② 如遇雷雨天气时，应立即停止升降作业，切断架体用电总开关及各机位的控制箱电源，并安装防坠装置，待天气符合施工条件要求时，方可继续升降作业。

③ 对暂停升降作业的架体，应对底部翻板进行恢复，并对存在安全风险的部位采取必要的防护及警示措施。

三、使用过程中的紧急情况处置

（1）结构施工作业人员因架体构件影响施工而自行拆卸或损坏脚手架构件，应急处置措施如下。

① 在使用过程中，需定期对架体进行安全检查，发现异常问题，应立即要求架体分包单位进行维修。

② 对结构施工工艺进行分析，了解作业人员私自拆除原因，并采取必要的措施或工艺改进来避免类似问题再次发生。

（2）使用过程中遇恶劣天气，应急处置措施如下：

① 附着式升降脚手架在使用时需密切关注天气变化，如有异常天气预警，应及时作出响应措施。

② 如遇强降雨天气，需检查架体用电总电源是否关闭。

③ 如遇五级及以上大风天气，需及时对架体上杂物进行清理，对架体附墙装置、防坠装置、翻板等进行检查，确保无异常。同时架体应采取必要措施与结构进行拉结。

④ 如遇暴雪天气时，需及时安排人员清理架体上的积雪，以减少架体荷载。

（3）架体上作业人员违规堆载或在架体上吊运材料导致架体变形，应急处置措施如下：

① 立即清理架体上违规堆放的材料。

② 对架体变形部位的构件进行加固校正或更换。

③ 加强对分包作业人员及塔式起重机操作人员安全教育，严禁在架体上堆放材料。

(4) 使用过程中局部防坠装置失灵，应急处置措施如下：

① 立即要求暂停架体上工作人员作业。

② 同时对架体进行全面安全检查，确认是否存在其他安全隐患。

③ 对失灵的防坠装置进行维修或更换，恢复正常后方可继续使用。

(5) 架体因违规动火作业导致火灾事故，应急处置措施如下：

① 架体上应配备消防器材，发生初起火险时，应立即消除火灾隐患，如火势过大，需立即启动火灾应急预案，及时确认架体用电总电源是否关闭。

② 严格落实动火制度，动火点应设置监火人及消防器材，防止发生火灾事故。

四、拆除过程中的紧急情况处置

(1) 拆除时遇恶劣天气，应急处置措施如下：

① 立即停止拆除作业，已吊装的架体单元在确保安全的情况下吊落至安全区域。

② 架体与结构采取相应的加固措施，对于已拆除的防坠装置应立即恢复。

③ 清理架体上堆放的活动构件，防止因大风导致高空坠物。

④ 组织拆除人员有序撤离，并对存在安全风险的部分采取必要的防护及警示措施。

(2) 拆除时架体单元分组过大，导致荷载超过塔式起重机

在该幅度最大起重量,应急处置措施如下:

① 拆除前应掌握起重机械起重性能。

② 根据起重机起重量划分拆除起吊架体单元,制定切实可行的拆除方案后方可进行拆除作业,严禁超载吊装。

(3) 拆除作业人员在架体上违章堆放拆除构件,准备随架体单元共同吊装,应急处置措施如下:

① 立即制止作业人员违章行为,架体单元在起吊前不得在架体上堆放任何构件。

② 所有小型配件不得随架体单元共同吊装,应收纳至容器中用施工电梯运输。

下 篇
安全操作技能

第七章　附着式升降脚手架的安拆和升降

第一节　附着式升降脚手架安装前的准备工作

一、基本要求

（1）从事附着式升降脚手架安装、升降和拆卸活动的单位，应当依法取得建设主管部门颁发的附着式升降脚手架专业承包资质和建筑施工企业安全生产许可证，并在其资质许可范围内承揽附着式升降脚手架施工工程。工程总承包单位必须将附着式升降脚手架专业工程发包给具有相应资质的专业公司。

（2）从事附着式升降脚手架安装、升降和拆卸的操作人员，应当年满18周岁以上，具备初中及以上的文化程度，经过专门培训，取得"建筑施工特种作业人员操作资格证书"。

（3）附着式升降脚手架产品应当具有检测报告。

（4）附着式升降脚手架安装单位和使用单位应当签订安装拆卸合同，明确双方的安全生产责任，实行施工总承包的，施工总承包单位应当与安装单位签订附着式升降脚手架安装工程安全管理协议。

二、施工方案编制和审批

附着式升降脚手架属于危险性较大分部分项工程。专项施工方案必须按住房和城乡建设部《危险性较大的分部分项工程安全管理规定》(中华人民共和国住房和城乡建设部令第 37 号)的规定进行编制、审核,方能实施。

三、安全技术交底

(一)交底程序

专项施工方案实施前,编制人员或者项目技术负责人应当向施工现场管理人员进行方案交底。施工现场管理人员应当向作业人员进行安全技术交底,并由双方和项目专职安全生产管理人员共同签字确认。

(二)交底内容

交底应重点明确每个作业人员所承担的拆装任务和职责,以及与其他人员配合的要求,特别强调有关安全注意事项及安全措施,使作业人员了解拆装、升降作业的全过程、进度安排及具体要求,增强安全意识,严格按照安全措施的要求进行工作。

第二节　附着式升降脚手架的安装方法

一、搭设、加固的质量要求

(一)辅助安装平台

1. 落地式辅助安装平台:辅助平台直接置于地面上或混凝土楼面上的落地式双排脚手架。架体立杆置于回填土上时,必须夯填密实,底部垫通长的脚手板并做好排水措施,以防雨水浸泡基础。

2. 悬挑式辅助安装平台:当无条件直接在楼面或地面搭设找平架时,则可采用悬挑架的方法。悬挑架的斜撑杆必须在每根立杆处设置，将荷载卸至主体结构上，并将安装平台做可靠的水平拉结。

(二) 辅助安装平台架的质量要求

1. 辅助安装平台的强度：要求承受集中荷载 6kN 时，主节点处扣件不下滑或破坏，架体下沉量小于 10mm。

2. 辅助安装平台的稳定性：安装平台标高任意位置应能承受 1kN 水平推力下而不产生 10mm 的变形。安装平台应每隔 3m 与结构间进行一次刚性拉结，高度在水平支承桁架标高下返 1m 以内为宜。

(三) 辅助安装平台的构造要求

(1) 立杆要求：架体搭设时，内排离墙距离及平台宽度结合实际施工方案，外侧搭设单排防护，单排防护高度为 1.5m。在防护架宽度不足的情况下，外侧搭设挑架。在每个小横杆下面有两根立杆，每根立杆装有一个防滑扣件，挂设密目安全网。

(2) 纵向水平杆的构造要求：纵向水平杆不得影响定位扣件的安装。如有影响，可将纵向水平杆置于立杆的外侧或内侧进行调整。转角处两个方向的纵向水平杆必须排在同一标高位置。

(3) 水平度要求：辅助安装平台的内外高差不大于 5mm，周圈闭合差不大于 20mm，同一直线段 1m 范围内严禁出现大于 10mm 的高差急剧变化。

二、架体的组装

(一) 钢管式附着升降脚手架的组装

随着主体工程的施工进度，逐跨组装立杆、大、小横杆、铺脚手板，挂安全网，先搭设二至三步架体供主体施工防护使用。架体随着主体的上升而逐步向上搭设，始终保证超过操作层一步架。

组装顺序：搭设辅助安装平台→拼装水平支承桁架→吊装主框架下节→搭设脚手架→接长主框架标准节→安装附墙支座→搭设脚手架→铺脚手板、安全网封闭→检查验收→投入使用。

1. 安装底部水平支承桁架和竖向主框架

先拼装底部水平桁架，安装必须严格控制水平度、垂直度；在两段主框架下节之间安装水平支承桁架，调整合格后，再将所有连接螺栓拧紧，如图 7-2-1 所示。

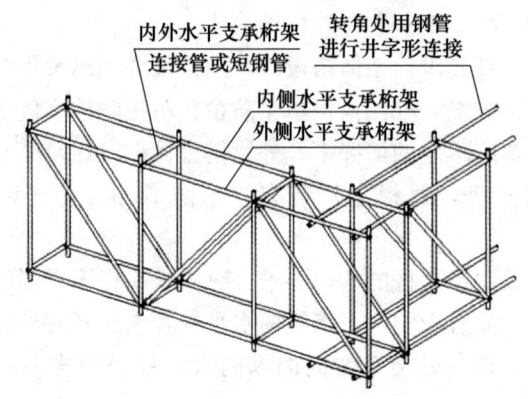

图 7-2-1　水平支承桁架与主框架安装示意图

2. 主框架下节的就位

按附着式升降脚手架平面设计图，用塔式起重机将连接好的主框架下节与水平支承桁架摆放就位，并按立面尺寸控制离墙距离，主框架轨道中心应与预留孔中心成一条直线。

3. 主框架标准节的连接

用塔式起重机将主框架标准节吊起，和主框架下节接点对正、装入螺栓、调整垂直度、拧紧螺栓；以后随施工进度逐步安装，如图 7-2-2 所示。

第七章 附着式升降脚手架的安拆和升降

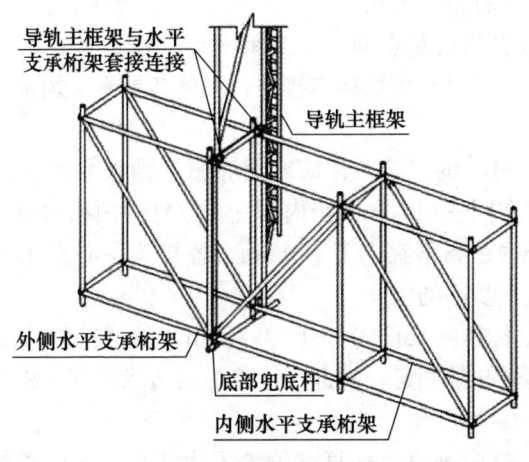

图 7-2-2 主框架标准节连接示意图

4. 水平支承桁架和竖向主框架之间部位搭设钢管脚手架

所用材料：钢管，按照平面布置图、立面图设计位置或已组装的水平支承桁架立杆点位向上搭设脚手架，如图 7-2-3 所示。

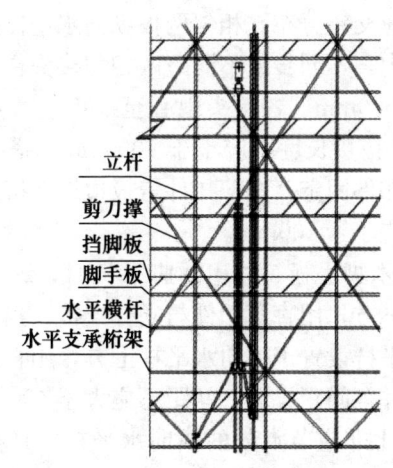

图 7-2-3 钢管脚手架搭设示意图

(1) 立杆搭设要求

① 立杆搭设起点为水平支承桁架立杆连接点，立杆接头除在顶层顶部可采用搭接连接外，其他各接头必须采用对接扣件连接。

② 立杆上的对接扣件应交错布置，两根相邻立杆的接头不应设置在同一步内，同步内隔一根立杆的两相邻接头在竖直方向错开的距离不宜小于 500mm，各接头中心至主节点的距离不宜大于步距的 1/3。

③ 立杆搭接长度不小于 1000mm，且搭接处应用不少于两个的旋转扣件固定，端部扣件盖板的边缘至杆端距离不应小于 100mm。

④ 立杆应垂直，垂直度偏差不大于 40mm；多根立杆应平行，平行度偏差不大于 100mm。

(2) 纵向水平杆、横向水平杆搭设要求

① 纵向水平杆宜设置于立杆内侧，其长不少于 3 跨，采用直角扣件与立杆扣接。

② 纵向水平杆接长时宜采用对接扣件连接，也可采用搭接。对接扣件应交错分布，相邻两根纵向水平杆接头不应设置在同步、同跨内，不同步或不同跨两相邻接头在水平方向错开距离不应小于 500mm，各接头中心至最近主节点距离不宜大于柱距的 1/3。搭接长度不应小于 1000mm，搭接处应等间距设置三个旋转扣件固定，端部扣件盖板边缘至搭接纵向水平杆杆端的距离不应小于 100mm。

③ 当使用木脚手板、竹串片脚手板时，纵向水平杆设置于横向水平杆下方，用直角扣件与立杆连接。当使用竹笆脚手板时，纵向水平杆设置于横向水平杆上方，用直角扣件与横向水平杆扣接，并等间距设置，间距不应大于 400mm。

④ 操作层上非主节点处的横向水平杆。宜根据支承脚手架的需要等间距设置，最大间距不应大于柱距的 1/2。

⑤ 操作层上横向水平杆外伸长度不宜大于 500mm。

⑥ 操作层外排架距主节点 600mm 和 1200m 高度处各搭设一根纵向水平横杆、防护高度处搭设一根纵向水平杆。在水平支承桁架顶部距主节点 300mm 高度处搭设一根纵向水平杆。

⑦ 内外大横杆应水平、平行，直线段水平偏差不大于 30mm。主节点必须设置小横杆、禁止漏装，用直角扣件连接。

（3）外剪刀撑搭设

① 外剪刀撑从水平支承桁架下弦杆立杆处搭设至附着式升降脚手架顶部，利用旋转扣件与立杆扣接，每道剪刀撑宽度不小于 4 跨或 6m。斜杆与地面夹角宜在 45°～60°。

② 剪刀撑斜杆接长宜采用搭接形式，搭接长度不小于 1000mm，采用 2 个以上旋转扣件，端部扣件盖板边缘距杆端距离不应不大于 200mm。剪刀撑斜杆应用旋转扣件固定在与之相交的横向水平杆的伸出端或立杆上，旋转扣件中心线至主节点的距离不应大于 150mm。

③ 剪刀撑应随立杆同步搭设。

（4）扣件安装注意事项

① 扣件规格必须与钢管直径相同。

② 扣件的螺栓拧紧力矩不小于 40N·m 且不大于 65N·m。

③ 主节点处各扣件中心点相互距离不大于 150mm。

④ 对接扣件开口应朝上或朝内。

⑤ 各杆件端头伸出扣件盖板边缘长度不应小于 100mm。

（5）脚手板的铺设

① 脚手板应铺满、铺稳、铺实，离墙面的距离不应大于 150mm。

② 采用对接或搭接时均应符合《建筑施工扣件式钢管脚手架安全技术规范》（JGJ 130—2011）中第 6.2.4 条的规定。

③ 在拐角、斜道平台扣除的脚手板，应用镀锌钢丝固定

在水平杆上，防止滑动。

(6) 翻板制作

① 在附着式升降脚手架最底层和中间层内排架与墙体之间制作安装翻板。

② 翻板一般利用木板或冲压钢板制作，采用合页或自制加工的铰链连接。

③ 制作翻板时，要依照建筑结构外形，分块制作，遇底座及立杆障碍时，应制作凹槽。

④ 翻板应连续设置，拼缝应小于 10mm，水平夹角应控制在 30°～60°。

(7) 安全网铺设

① 传统附着式升降脚手架安全网铺设。

a. 安全网使用 2000 目/100cm^2 的密目安全网和安全平网。

b. 架体外排架内侧必须铺满密目安全网。

c. 附着式升降脚手架底层脚手板下面铺设密目安全网和大眼网兜底。

d. 铺设安全网必须绷紧、平滑、无缝隙（间隙不大于 25mm），架体转角处利用钢筋绷网。

② 半钢附着式升降脚手架安全网铺设。

a. 安全网采用镀锌钢板冲孔网，其类型与全钢架网框类似。

b. 安全网与架体之间连接采用网框固定座连接，网框固定座与架体之间采用专用定制扣件连接。

c. 安全网的铺设应该严格按照平面布置图进行。

(8) 架体断片端头防护搭设

① 脚手板层搭接活动排板，附着式升降脚手架使用工况下利用钢筋固定，搭接长度大于 300mm。

② 操作层分组处，距离 0.6m 和 1.2m 高处搭设两道防护栏杆，并向结构部位挑出封闭，端部距离结构不大于 100mm，不影响架体正常升降。

③ 分组处挂铺密目安全网。

(9) 爬梯搭设

① 爬梯应设置在附着升降脚手架提升跨度较小的位置。

② 利用钢管扣件或成品梯架进行搭设,搭设角度在 30°~50°。

③ 爬梯两侧必须搭设扶手栏杆,台阶利用竹笆脚手板贴封。

④ 爬梯中间平台设置在位于楼层的高度位置,平台宽度不少于 600mm。

⑤ 安装其他主框架和钢管脚手架,逐层安装竖向主框架和钢管脚手架。

(二) 全钢附着式升降脚手架的组装

架体的组装按全钢附着式升降脚手架平面布置方案的布设图和分段吊装图的顺序逐段进行,组装具体要求为:从架体转角处端部开始,依次安装。

组装顺序:搭设辅助安装平台→铺设第一层走道板→安装下节导轨、竖向立杆、辅助竖龙骨→加辅助支撑杆及斜拉杆→水平刚性拉结→铺设第二层走道板→安装第一张安全立网→安装第一道附墙件并卸荷→安装中节导轨、竖向立杆、辅助竖向立杆→连续组拼架体直到安装完二层各组架为止→连续组拼架体直到安装完三层各组架为止→连续组拼架体直到安装完四层各组架为止→铺设电源线→安装提升设备(进入运行阶段)→检查验收,投入使用。

1. 铺设第一层走道板

严格按照图纸将对应长度的走道板铺设在找平架的小横杆上,按照图纸的布置来确定每一块走道板的位置,走道板之间用螺栓进行连接紧固,并用小横杆将走道板与找平架固定在一起。梯口部分则需按照图纸要求安装带上落窗口脚手板,脚手板必须与辅助平台指定位置对接,保证脚手板与墙体平衡,方便下部工作开展,如图 7-2-4 所示。

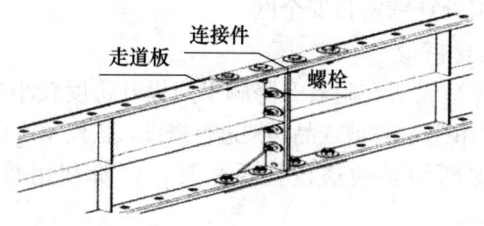

图 7-2-4 走道板对接示意图

2. 安装立杆

竖向立杆严格按照平面布置图的布置尺寸放置竖向立杆，在竖向立杆最下端第一个孔用六角头螺栓加大垫圈、螺母与走道板连接，如图 7-2-5 所示。

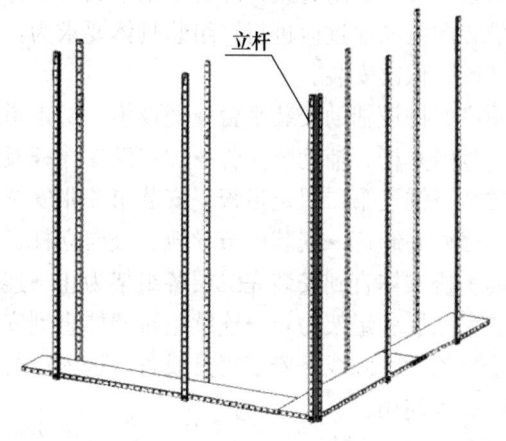

图 7-2-5 安装立杆示意图

3. 铺设第二层走道板

组装好所有竖向立杆后，开始组装第二层走道板，其高度需按图纸要求，一般为一个标准层高，每层架体在搭设期间四个机位至少要保留一个固定连接杆不拆除，以保持架体稳定，如图 7-2-6 所示。

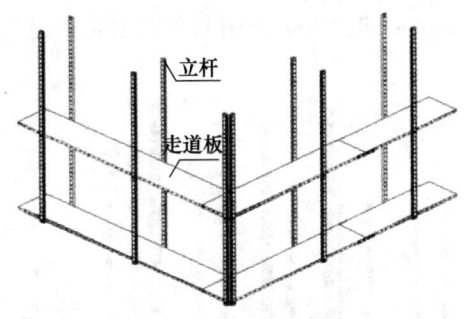

图 7-2-6　铺设第二层走道板示意图

4. 安装防护网

按照图纸要求将防护网安装在对应的外侧立杆上，第一层安全网底部应放置在底部走道板，安全防护网与竖向立杆之间采用专用连接件固定。第二层防护网放置在第一层防护网上，并用连接件固定，防护网以"米"字形循环往上安装，如图 7-2-7 所示。

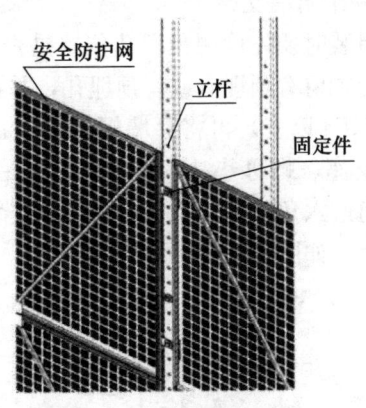

图 7-2-7　安装防护网示意图

5. 安装导轨

在两层走道板及立杆安装完成后，在底部走道板上确定出导轨的安装位置，将底部导轨脚手板连接件及上层导轨脚手板连接件用螺栓固定在走道板上，再用塔式起重机进行吊装（塔式起重机不能覆盖的位置可采用汽车式起重机进行吊装），如图 7-2-8 所示。

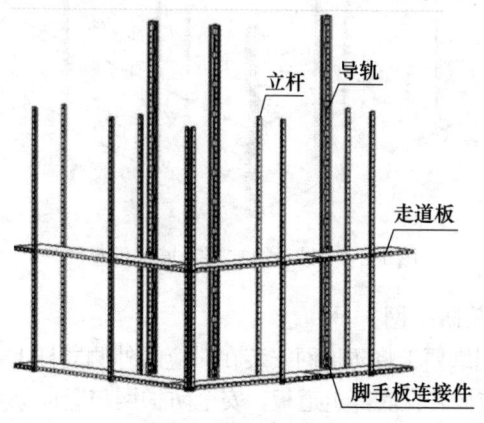

图 7-2-8　安装导轨示意图

6. 安装第一个附墙支座

附墙支座组装时要先检测预埋孔位置是否准确后，（墙体必须要在对应位置留有预埋点或者预埋孔，并且达到一定的结构强度，即 15MPa 以上）再将穿墙螺杆穿入在结构中的预埋孔，装上附墙支座、螺母垫片；然后将左、右导向轮套入导轨，导向轮架通过六角头螺栓与六角头螺母安装到附墙支座的导轮架连接板上，如图 7-2-9 所示。

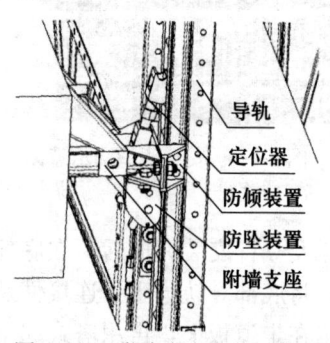

图 7-2-9　附墙支座安装示意图

7. 安装其他层走道板、导轨、立杆、防护网

按照步骤1～6，安装三层和四层架体。此步骤关系到立杆和导轨接高问题，立杆接高先将立杆接头插入立杆顶部，并用螺栓固定，露出的部分可接入上层立管，并用螺栓固定，如图7-2-10所示。导轨接高使用脚手架导轨连接接头，用螺栓连接导轨的端部和底部的连接板并紧固，再在导轨背后使用脚手架导轨连接片用螺栓固定，如图7-2-11所示。

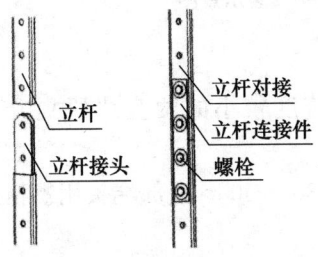 

图7-2-10 立杆接高示意图　　图7-2-11 导轨对接示意图

8. 安装水平防护

架体底层脚手板必须满铺花纹钢板，挑板和翻板必须严格按照图纸要求安装，爬升时翻板必须打开，工作时则需盖上。

（1）转角处的密封处理

转角处应用花纹钢板以工厂制作成品和现场制作花纹钢板搭配使用并全部密封到位。

（2）异型结构处的密封处理

异型结构处应用专用密封板或密封翻板封闭并搭接于建筑结构上。

（3）全钢附着式升降脚手架外侧的防护处理

全钢附着式升降脚手架整个外侧均用钢板冲孔网，与框架之间形成"米"字形骨架，并进行喷塑处理。确保架体的外观防锈、密封，保证工程的质量，如图7-2-12所示。

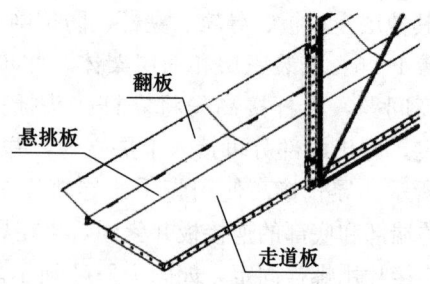

图 7-2-12　密封防护安装示意图

9. 爬梯搭设

（1）爬梯应设置在脚手架跨度较小的两直线段提升点之间。

（2）工具式爬梯安装角度在 30°～50°，上部端头用螺栓固定在走道板边框上。

（3）爬梯内侧设有扶手栏杆，扶手栏杆在梯子主体安装后，再用自攻螺钉安装在靠建筑物一侧。

（4）爬梯安装在设计位置。

（5）爬梯入口周边要增设防护栏杆，内侧间隙要搭设防护翻板，防止人员踏空坠落，如图 7-2-13 所示。

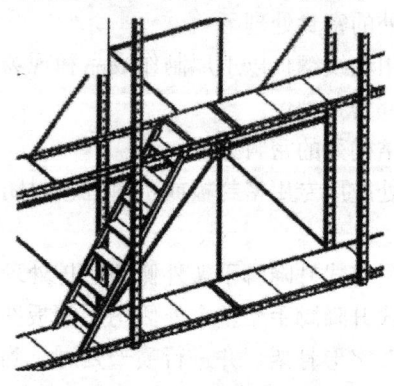

图 7-2-13　爬梯搭设示意图

（三）特殊位置的安全防护

高层结构外立面常设有飘窗板、空调板、装饰檐口线等，为确保作业人员安全，应强化安全设施，必须根据建筑物的实际结构情况分别采取相应的防护措施，在架体安装就位后，应将架体单元的大、小翻板全部打开，进行底部密封和内侧防护。

三、预埋管的安装

（一）安装要求

(1) 预埋管可采用 PVC 管、薄壁铁管等。

(2) 预埋管的安装质量要求：竖向位置以导轨的中心线为基准线，中心偏差不大于 50mm；预埋管两端的水平度、垂直度偏差不大于 10mm 且与模板固定牢固。

（二）剪力墙上预埋措施

剪力墙上安装预埋管：其标高位置一般为距楼层顶板下皮 500mm 或距顶板上皮 400mm 的位置（方案有特殊要求的除外）。

（三）梁上预埋措施

(1) 梁上安装预埋管时，预埋管中线距梁底不小于 250mm，安装吊挂件的预埋管中线距梁底不小于 300mm，预埋管应尽量靠近楼面。

(2) 梁上安装预埋管时，为防止浇注混凝土时预埋管位移，应在梁内外两侧的两箍筋间附加长度不少于 100mm、直径不小于 10mm 的钢筋，并将预埋管固定，如图 7-2-14 所示。

（四）板上预埋措施

在板上安装预埋管时，如果采用附板式导座附着，先吊线找出中心位置，然后再根据工地使用附板式导座的规格来确定孔距，从结构边向内尺量，确定预埋管位置。当其位置处于纵、横向钢筋的空隙处时，应在底筋和面筋都附加长度不少于

300mm 直径不小于 10mm 的钢筋，将其与预埋管、板筋进行固定，如图 7-2-15 所示。

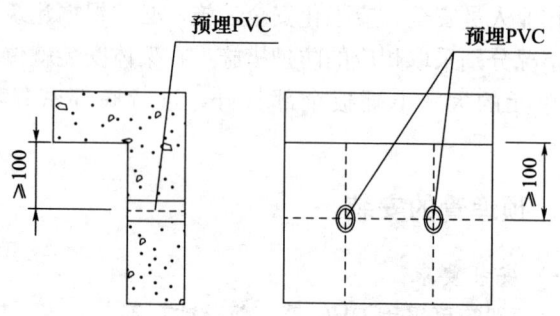

图 7-2-14 梁侧、剪力墙上预埋管位置图

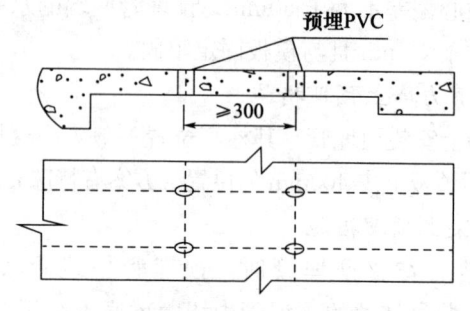

图 7-2-15 板上预埋管位置图

四、附墙支座的安装

（一）预埋孔的检查

（1）预埋孔是否通畅。

（2）预埋管的位置偏差是否符合要求：中心偏差不大于 15mm，水平与垂直偏差不大于 10mm。否则，必须重新打孔。

（3）检查结构表面是否有跑模、胀模等影响附墙支座安装质量的情况,跑模、胀模偏差较大时,需进行修整,合格后方可安装附墙支座。

(二)附墙支座的安装

附墙支座安装时背板必须紧贴结构,并使附墙支座中心与导轨的中心一致,导轨穿过导轮组件时两侧边间隙均匀一致,每端按标准装好螺栓垫片,螺杆露出螺母端部的长度不少于3牙丝。

(1)当附着结构为剪力墙或框架梁时,应选用标准附墙支座,如图 2-3-1 所示。

(2)当附着结构为飘板时,可设计选用三角加长支座进行卸载,如图 7-2-16 所示。

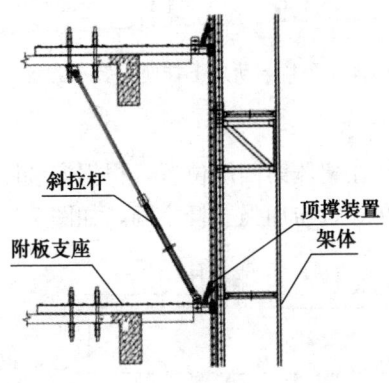

图 7-2-16　加长附墙支座安装示意图

(3)当支座安装在楼面上时,需增加斜拉杆连接到上层框架结构上进行卸载,如图 7-2-16 所示。

五、升降机构的安装

(一)倒挂式电动葫芦的安装

1. 倒挂式电动葫芦的安装位置

附着式升降脚手架采用倒挂式电动葫芦安装时,电动葫芦安装在附着式升降脚手架靠近建筑物一侧，偏心提升，不占用平台通道，电动葫芦一次性安装到位后不再需要转运。

2. 安装下挂座

根据安装图纸，通过螺栓将下挂座固定在导轨与加强立杆之间，如图 7-2-17 所示。

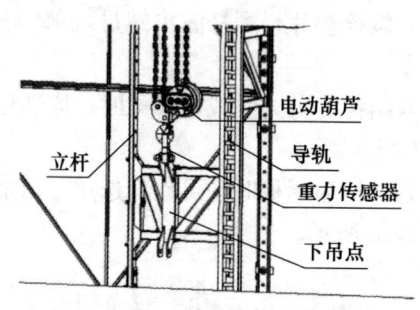

图 7-2-17　葫芦下挂座安装示意图

3. 安装上挂座

上挂座安装在架体第四层位置，根据安装图纸，通过螺栓将上吊点固定在导轨与加强立杆之间，如图 7-2-18 所示。

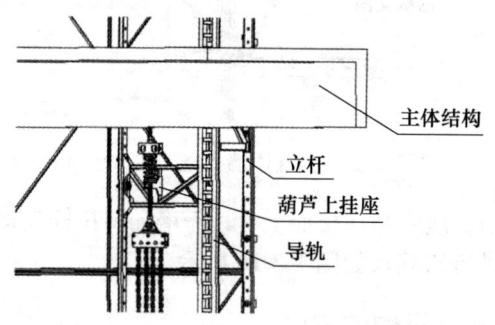

图 7-2-18　葫芦上挂座安装示意图

4. 附墙吊挂座的安装

附墙吊挂座一般安装在架体覆盖楼层第二层，安装时应先确认预埋孔位置、预埋件精度、上、下吊点垂直度以及吊挂座附着结构混凝土强度等级不低于C10等，核对无误后用穿墙螺栓固定在结构预埋位置，如图7-2-19所示。

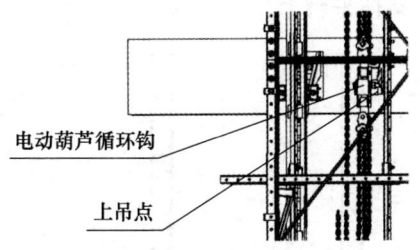

图 7-2-19　附墙吊挂座安装示意图

5. 倒挂式电动葫芦的安装

拆除倒挂式电动葫芦上挂钩总成的丝杆螺母和压缩弹簧，将丝杆穿入上挂座中，装入压缩弹簧和螺母，不用调紧。测力传感器应安装在下挂座的电动葫芦的吊钩处，传感器的圆孔与架体用销轴连接，电动葫芦的吊钩直接挂入传感器的U形孔处。调节上挂座电动葫芦上挂钩总成的丝杆螺母，使电动葫芦链条拉紧。

（二）正挂式电动葫芦的安装

附着式升降脚手架电动葫芦升降动力采用正装环链式电动葫芦，如图7-2-20所示。

（1）正挂式电动葫芦安装在附墙吊挂座上，在靠近建筑物一侧，偏心吊装，这种安装方式每次升降完成后都需要拆除电动葫芦，由人工搬运到上一层进行安装。

（2）正挂式电动葫芦安装在附墙吊挂座上，在爬架中心位置，中心吊装，这种安装方式附墙吊挂座较长，需要在上层建筑结构上拉斜拉杆到附墙吊挂座上，每次升降完成后都需要拆除电动葫芦，由人工搬运到上一层进行安装。

（3）正挂式电动葫芦安装在爬架中心位置，中心吊装，将钢丝绳一端安装在附墙吊挂座上，另一端通过滑轮安装在电动葫芦的吊钩上，这种安装方式每次升降完成后不需要拆除电动葫芦，但需要人工拆除安装在附墙吊挂座一端的钢丝绳，并且收回放在爬架架体平台上。

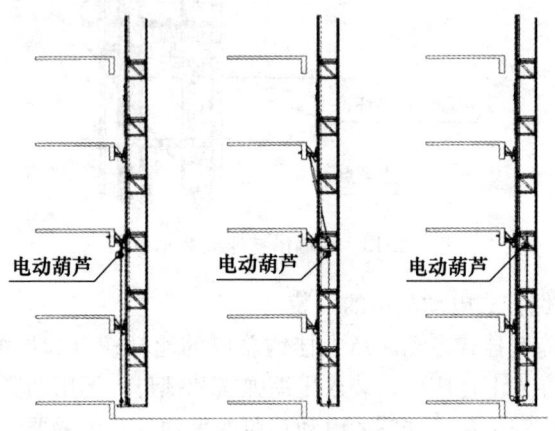

图 7-2-20　正挂式电动葫芦安装示意图

六、智能提升系统的安装

附着式升降脚手架（爬架）智能提升系统包括主控箱、分控箱、荷载传感器、通信器、遥控器、控制电缆、通信电缆、计算机控制总电源进线、电机电源线及由电动葫芦和上、下吊挂件、倒链装置组成，通过上吊挂件固定在建筑结构上，形成独立的提升体系，如图 7-2-21 所示。

（一）主电缆安装与布线

在脚手架搭建好后，控制系统没安装前，应准备一条主电缆线，规格视具体机位数而定，单片在 10 个机位以下，推荐使用 $6mm^2$ 四芯全铜电缆；单片超过 10 个机位，推荐使用 $10mm^2$ 四芯全铜电缆。选择架体第二层脚手板下部，绕着架体一周布好主电缆线，并用波纹管（或 PVC 管）套好主电缆线，并用扎带绑在架体上，每个机位点预留30cm电缆线，用于分控箱取电。主电缆线布线起点位置最好从断点处开始。

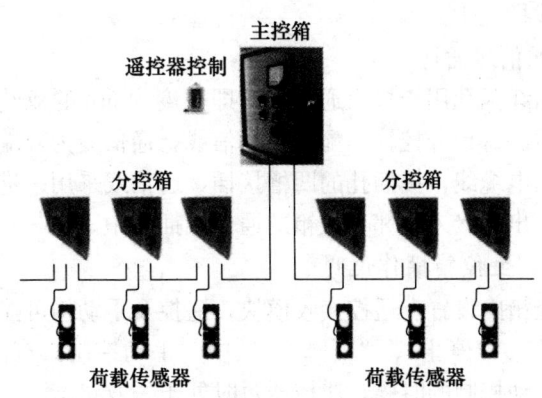

图 7-2-21　智能控制系统组成

（二）主控箱的安装

主控箱的背部有安装扣，用户可以直接使用铁丝固定在方钢（钢管）上，也可使用螺丝直接固定在金属防护网上。

1. 总电源进线

把施工现场楼层内的二级配电线引出的五芯电缆（三根火线＋一根零线＋一根地线），按照接线排的标签指示，接入主控箱。

2. 总电源出线

电源出线为绕架体一圈的主电缆，按照相同相序接入主控箱内的60A断路器上，本主控箱内有两组60A断路器，用户可以根据实际情况将机位分成两路，以减轻主电缆供电压力，达到负载均衡，有效避免电机烧毁现象发生。

3. 控制线插孔

控制线插孔用于接入控制线，即长度为6m的双端防水航空插头线。每台分控箱标配两根控制线，控制线为双端防水航空插头的四芯电缆线，插头上的箭头标记必须与插座的位置方向一致，控制线采用一进一出方式连接，出线接入相邻分控箱的控制线插孔中。

4. 通信线插孔

通信线插孔用于接入通信线，即长度为 6m 的双端四芯航空插头线。每台分控箱标配一根通信线，通信线为双端三芯航空插头的电缆线，按插孔的凹槽接插，通信线采用一进一出方式连接，出线接入相邻分控箱的通信线插孔中。

（三）主控箱操作说明

主控箱内设置有遥控接收模块，遥控及手动均可控制架体的"上升"、"停止"、"下降"。其中，手动控制具有优先权，在进行手动控制的时候，遥控器暂时处于失效状态。

（四）分控箱的安装

分控箱的背部有安装扣，用户可以直接使用铁丝固定在方钢（钢管）上，也可使用螺丝直接固定在金属防护网上。分控箱采用并联的方式连接，一进一出。

1. 电源进线插孔：接电源进线，即长度为 2m 的双端防水航空插头线。

每台分控箱标配一根电源线，电源线为双端防水航空插头的四芯电缆线，插头上的箭头标记必须与插座的位置标记在一个方向。

2. 电机电源线插孔：接入电机电源线，长度为 6m 的单端四芯航空插头线。每台分控箱标配一根电机电源线，其电机电源线为单端防水航空插头四芯电缆线，按插孔的凹槽接插，另一端的 3 根线直接按在提升机（葫芦）电机的接线端上。（注意：所有机位的线都需按固定颜色对接。）

3. 通信线进（出）插孔：接入通信线，即长度为 6m 的双端四芯航空插头线。

4. 传感器线插孔与安装：每一台配套的传感器，均按四芯航空插头出线，按插孔的凹槽接插。

5. 测力传感器的安装：测力传感器应安装在上吊点或下吊点的电动葫芦的吊钩处，传感器的圆孔与架体用销轴连接，电动葫芦的吊钩直接挂入传感器的U形孔处。

第三节　附着式升降脚手架特殊部位的处理方法

一、附着式升降脚手架分组布置

（一）架体分组要求

根据建筑结构分成一组或多组架体，使每组架体能独立控制升降，分组原则如下。

（1）分组尽量要少，常规建筑一般为对称两组分布。

（2）分组位置要避开塔式起重机附墙、施工升降机、物料平台。

（3）每组架体与架体之间的端面间距宜为300mm。

（二）分组口处立面封闭

使用安全防护网通过固定件与立杆连接，立面全密封。架体提升时翻转分开断面口，提升到位后立即翻转封闭。

（三）密封翻板设置

附着式升降脚手架分组处每层设置密封翻板，提升前每层翻板打开固定，提升到位后恢复翻板密封状态。

二、圆弧位置布置

当圆弧外侧曲线距离大于4.5m时，应在切点处增加一个机位，并保证机位之间曲线距离不大于机位布置跨度。

三、转角位置布置

折线或曲线布置的闭合架体,相邻两个主框架支撑点处的架体折线距离不得大于 5.4m。

四、附着式升降脚手架与施工电梯布局的处理

施工电梯与附着式脚手架架体有以下几种布局方式:
(1) 施工电梯贯穿架体,如图 7-3-1 所示。
(2) 施工电梯进入架体,如图 7-3-2 所示。
(3) 施工电梯不进入架体,如图 7-3-3 所示。

施工电梯贯穿架体和施工电梯进入架体的做法:架体上升或下降,施工电梯与架体之间保持 250~300mm 的间隙。施工电梯不进入架体时,附着式升降脚手架架体与施工电梯互不干涉,架体在上升过程中施工电梯可以在架体底部运行。

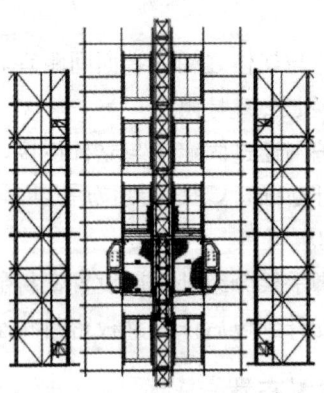

图 7-3-1 施工电梯贯穿架体

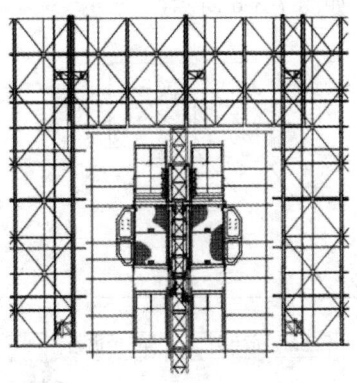

图 7-3-2　施工电梯进入架体

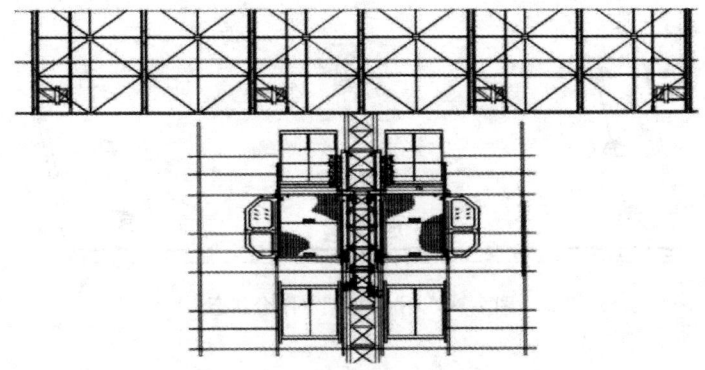

图 7-3-3　施工电梯不进入架体

五、塔式起重机附臂位置的处理

架体覆盖结构一般为 4~5 层高，塔式起重机附臂一般穿入架体（图 7-3-4），在架体提升时，附臂以下的架体需特殊处理，通常做法是：在塔式起重机附臂处设置可开合式吊桥板架（图 7-3-5），在需要通过塔式起重机附臂时，将吊桥板架打开即可，如图 7-3-6 所示。

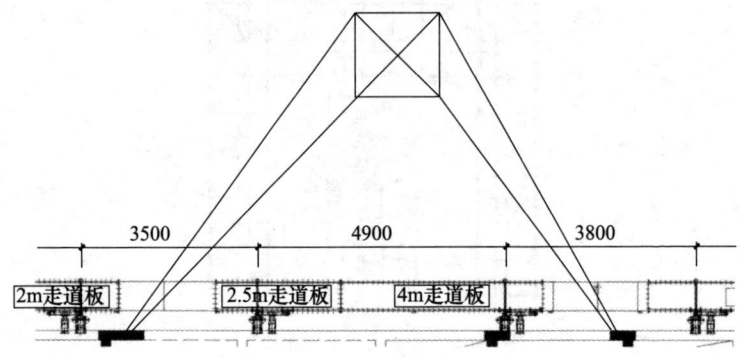

图 7-3-4　塔式起重机位置示意图

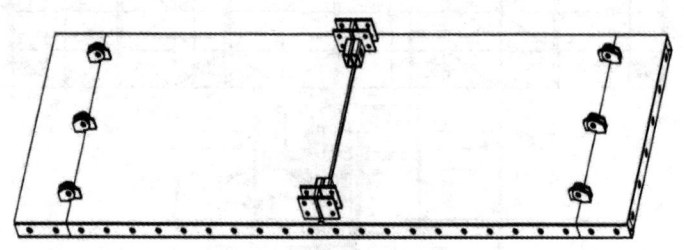

图 7-3-5　吊桥板架（闭合状态）

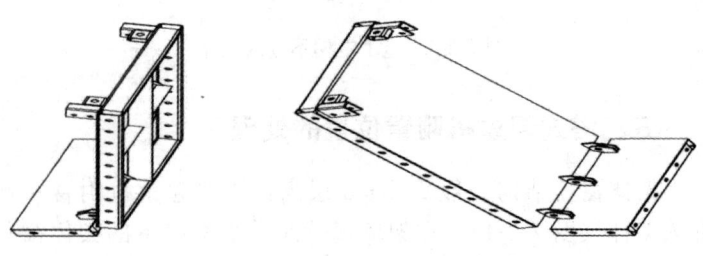

图 7-3-6　吊桥板架（找开状态）

六、物料平台的使用

料台应单独设置,在使用过程中必须与架体分开,将料台的全部荷载卸载到建筑结构上,料台随架体一起提升。

(一)料台的分类

附着式升降脚手架物料平台可分为斜拉式和斜撑式(图 7-3-7)。

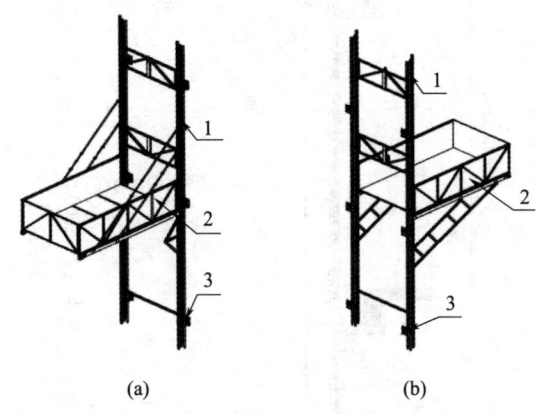

图 7-3-7 附着式升降脚手架物料平台示意图
(a)斜拉式;(b)斜撑式
1—导轨;2—平台;3—附着支承

(二)料台主体组装

将物料平台主体平置于空地上,组装料台主体,将料台主体立起后安装在平置的导轨上,将料台主体安装好后,安装斜撑杆、桁架,并将撑杆之间的连接杆连接好。如图 7-3-8 所示。

(三)物料平台吊装

吊装前准备:

1. 料台吊装前,安装位置的梁上需打好安装导座的预留孔。

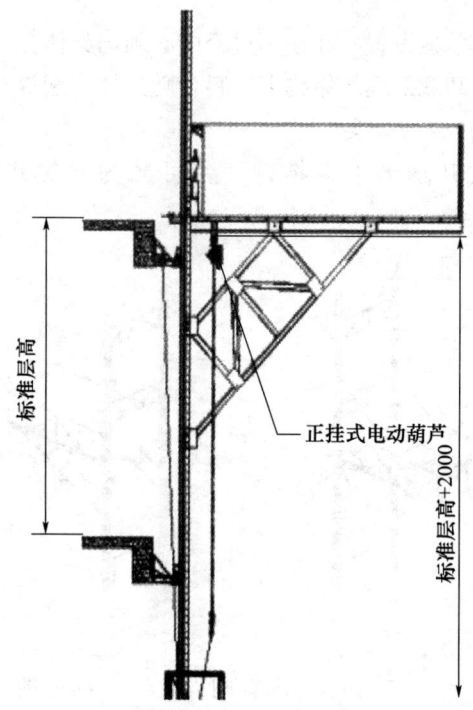

图 7-3-8 料台主体组装示意图

2. 料台吊装前，需将安装位置处的架体底部断开，在导轨上设两个吊点，每个导轨一个，用钢丝绳绑牢。此外，料台的斜撑杆连接处也需每边各设置一个吊点，用钢丝绳绑牢，四个吊点应该设置在同一平面上，防止料台的倾覆。

（四）平台的吊装要求

物料平台加工制作完毕，经过验收合格方可吊装，吊装前务必把所有零部件连接好，并保证其成为一个刚性的整体。吊装时，先挂好吊钩，传发初次信号，但只能稍稍提升物料平台，放松斜拉钢丝绳，方可正式吊装。吊装不宜过急，要保证物料平台平稳上升，吊装至预定位置后，将导座连在墙体上，待完全固定好，塔式起重机方可松吊钩，物料平台安装完毕，经验收合格后方可使用，要求每提升一次，就需验收一次。

（五）操作平台安全要求

（1）在使用料台时，必须悬挂限载指示牌，此工程使用料台限载为 1500kg。

（2）每次吊装完成后均应由现场安全员检查验收合格后方可使用。

（3）料台的使用必须是即装即吊，不允许物料在周转过程中长时间停留在料台上。

（4）零星材料堆放时，不允许超出料台边缘，钢管料超出料台长度应小于 1.5m。

（5）物料平台和小平台侧面必须做好护栏网，保证施工人员的人身安全。

（6）物料平台只允许在架体底部运行，不得拆除卸料平台部位的走道板，将物料平台在架体内部进行提升。

（7）当有物料平台发生故障时，应及时排除故障后，再重新提升。

（8）当提升至底部固定导向座离开导轨后，应停止提升，并将该固定导向座卸下移，至顶部对正导轨处安装好，方可继续提升。

（9）当所有机位可靠卸荷后，方可进行倒链工作。上述几道程序完成后，即刻停机，一次升降便完成，经复检后便可供下次继续使用。再次升降时，只要重复上述的程序，便可进行新的一次料台提升。

（10）在提升过程中，现场操作人员必须坚守岗位，注意观察并做好记录，一旦发现料台结构变形、受损等现象，应立即停止提升，待修复加固保证安全后才能继续操作。

(六) 物料平台的拆除

物料平台使用完毕后，应进行拆除工作，在整个平台的拆除过程中，应注意安全，事先对作业工人进行技术和安全交底。首先清理料台上的物件，确定料台完整安全，料台用吊钩吊好。拆除导座和建筑物的连接件，然后缓慢把导座式升降卸料平台吊下。

拆卸时，要有专人指挥，并在拆卸范围内设置警戒线，防止人员闯入发生安全事故。拆卸人员应佩戴安全帽，严禁向下抛扔平台组件。

(七) 卸料平台拆除后需设封闭防护措施

卸料平台拆除完毕，架体洞口进行封闭防护。

第四节 附着式升降脚手架的提升操作内容

一、提升前将信息告知相关作业班组、人员

1. 施工队安全员通知其他相关作业班组和人员（包括钢筋工、木工、混凝土工）架体提升时间、计划提升组架体位置，使各工种提前安排好工作，各自清理架体上的物料和影响架体提升的障碍物等，并在升架时严禁上架和架底施工。

2. 对操作人员进行提升交底。

3. 通知驻场人员和架子工班组做提升准备。

二、提升前的准备工作

(一) 预留孔的查找

架子工班长接到通知后，安排工人检查计划提升组安装吊挂件和附墙支座的预留孔是否畅通、位置是否正确。如果预留孔出现被混凝土堵塞或严重偏位等不能使用的情况，必须重新

开孔。

（二）安装吊挂件

架子工班长安排工人在符合要求的预留孔位置，按要求安装吊挂件。吊挂件安装时，背板面必须满贴结构表面，安装顺直、紧固有效，垫片螺母的数量及露出丝牙长度符合要求（每端一个 100mm×100mm×10mm 的垫片，螺母拧紧，露出 3 丝）。

（三）将计划提升的葫芦环链挂在上吊点上，顺直链条

（四）检查电控系统，排除故障

启动电气控制系统前，由作业班组指定一名升降指挥员，负责掌握操作主遥控器，协调升降的过程。指挥员将计划提升组的主控箱的开关合上，通电后检查遥控系统是否有效，如有问题，应及时排除。

（五）给分控箱送电

电控系统检查无问题后，将改组主控箱面板上的"提升"钮按下，给分控箱送电（注意：电箱间接线、葫芦接线的相序必须一致，如果出现葫芦链条反向运动必须进行调整）。

（六）电动葫芦链条预紧

单独控制每台电动葫芦的电控装置，依次将链条拉直。如果无需立即提升，必须把葫芦插头拔下，关闭电箱电源，锁好分组电箱门。

（七）检查各连接处，障碍物清理

检查计划提升组架体与结构间的连接、架体组件的连接、其他影响架体正常提升的障碍物等是否拆除，架体上的物料、机具、垃圾是否清理干净。对未清理干净的部位，协调相关人员尽快落实，以免影响架体的提升。

（八）填表、签字

项目安全部门等相关人员、厂家技术人员对计划提升组的

准备工作情况进行检查。

检查合格后填写附着式升降脚手架提升、下降作业前检查验收表，并签字留档。

三、架体提升运行阶段

（1）架体底部翻板打开、固定好，架体底部地面画出警戒区，拉上警戒线、挂上警示牌，并派专人看守

（2）架子工班长分配好操作人员落实各自的任务，作业面至少有一人巡视，阻止其他人员上架或邻架施工，其他操作人员站在最上面附墙支座紧邻的楼层边缘，仔细观察所负责机位的上下吊点、葫芦、附墙支座等设备是否正常，有无刮、卡等不正常的情况出现，严禁站在正在提升的架体上巡查。由指挥员用手中的主遥控器发出提升指令，实施提升。

（3）各操作人员认真看好所负责的部位，发现异常、卡阻及其他影响正常提升的情况时，立即用手中的遥控器发出停止指令，并将情况立即告知指挥员。根据障碍处理的难易程度，安排尽量少的人员上架及时排除障碍（切记：排除障碍时，架体上最多只能三人同时操作，其他辅助人员必须站在楼层上）

发生需要调换葫芦的故障时，必须将该机位及左右相邻机位的附着支座上的定位器支顶在导轨的小横杆上，关闭该组所有电控分控箱的开关后再进行调换，并保证更换的新葫芦通电后相序一致。

（4）故障排除确认无误后（按前述要求准备完毕），指挥员用遥控发出"提升"指令，继续提升到指定位置为止。

（5）提升时要格外注意特殊部位加长导座、加长吊挂件等的情况，提前做好防止加长导座、加长吊挂件上翻的支顶措施，避免提升时因摩擦力过大造成加长导座、加长吊挂件上翻引发的事故。

（6）关闭电控分控箱开关、分组电箱拉闸上锁，并拔下葫

芦插头。

四、架体恢复阶段

（1）恢复底部密封翻板、分组处的翻板、分组竖向缝隙的防护网。

（2）恢复好架体悬臂部分与结构的拉结、组间的连接。

（3）上述工作全部完成，架子工班长自检合格后，填写附着式升降脚手架运行完毕及使用前检查验表，报项目部安全员、项目部工长、附着式升降脚手架公司现场管理员、施工队安全员复查并履行签字手续。

第五节 附着式升降脚手架的下降操作内容

附着式升降脚手架在升至顶层后，需要下降之前，应先进行架体的全面检查，确保架体各个部位安装完全，没有任何安全隐患，同时架体下方 10m 内无任何人员时，方可进行架体的下降操作。

一、架体下降流程

（1）在架体下降区域内离建筑物 10m 位置拉警戒线，并设专人看管。

（2）将轨道夹安装至主框架最顶端的导轨上，同时给每个支座安装下降防坠器，必须保证连接可靠。

（3）将所有防坠器的复位卡簧安装到位，并检查验收，确保每个防坠器安装位置准确，复位卡簧可靠受力。

（4）拆除最顶端的附墙支座，将附墙支座安装在架体覆盖第一层的建筑物墙体上，确保连接可靠（所有支座和钢梁必须按要求安装，确保两条螺栓和每个螺帽一段至少露出 3 丝，钢梁安装平整，不得有抬头、低头、扭转现象）。

（5）安装挂块至最下端的附墙支座上。

（6）悬挂电葫芦挂钩，预紧链条，检查所有电控分控箱正反控制是否一致。

（7）松开下降架体上的所有承重顶撑，并旋转至建筑物位置。

（8）对所有位置进行全面检查，确保各项操作准确无误，检查到位后准备下降。

二、架体下降前准备

架体下降前，应对架体进行全面细致的检查、具体检查内容为：

（1）架体连接螺栓做全面紧固并涂油保养。

（2）所有位置施工垃圾必须进行全面彻底的清理。

（3）导轨及附墙支座上的板结混凝土必须清理干净，导轨、附墙支座导轮、导向架连接螺栓做涂油处理。

（4）电动葫芦全部做清灰涂油保养，同时检查运转是否正常。

（5）所有电缆检查是否有破损或老化现象，下降前做好全面的更换或维护工作。

（6）检查维修总、分控制箱，各开关保护元器件是否工作正常。

（7）检查所有翻板是否连接可靠，转动自如。

三、架体下降过程中的安全注意事项

（1）在架体下降前，要特别注意架子的清理工作，翻板在下降的情况下需翻起。

（2）在架体下降过程中，巡视人员一定要格外注意，避免已装修表面和已安装门窗的损坏现象发生。架体下方应停止一切作业，并设置警戒区，由专人负责看守。不应留有任何材料与杂物，所有人员全部撤离脚手架。

（3）安全检查：根据作业指导书要求，由现场安全员组织专业人员进行安全检查。

（4）各类人员就位，确认无误后，由现场总指挥下达下降命令。专业人员按各自的职责范围进行巡视、观察，发现异常应立即报告总指挥停止下降，确定故障排除后，方可再次下降。

（5）调整架体水平度，使各机位架体底部与楼层相吻合。

（6）将上一层附着支座安装到架体下层安装部位上。

（7）将架体与墙体可靠拉结、卸荷，做好防护。

（8）松开葫芦链条，并组织作业后专项检查，填写检查表。

（9）预埋孔的有效性检查。

① 要仔细查看附墙支座和吊挂件的预留孔位置的尺寸偏差是否在允许范围内。如果超出，必须弃用并重新打孔。

② 仔细观察预留孔周围是否有裂纹，如果出现肉眼可见的裂纹，此孔必须弃用，应采取换位钻孔或其他可靠的措施。

（10）防坠装置的齐全有效性检查：

仔细检查每个附墙支座的防坠器是否灵活可靠，复位弹簧是否齐全、弹力是否能保证防坠摆针自然复位。如果有问题，必须在下降前进行修复。严禁人为将防坠器复位弹簧取掉，致使防坠系统失效。

（11）在架体下降过程中要严密监控，发现问题应及时停机处理。

（12）架体恢复阶段检查工作。

① 下降完成后，同样关闭分控箱开关、分组电箱拉闸上锁，并拔下葫芦插头，恢复底部密封翻板、分组处的翻板、分组竖向缝隙的防护网。

② 恢复架体悬臂部分与结构的拉结、组间的连接。

③ 上述工作全部完成,架子工班长自检合格后,填写附着式升降脚手架提升、下降作业前检查验收表,报项目部安全员、项目工长、脚手架公司现场管理员、施工队安全员复查并签字留样。

四、附着式升降脚手架升降过程中的监控

对附着式升降脚手架在升降过程中实施有效监控是保证附着式升降脚手架安全施工的关键。监控的方法有两种:一是通过荷载增量控制器进行监控,二是操作人员分区域进行监控。

(1) 使用荷载增量控制器,对附着式升降脚手架在升降过程中吊点的荷载实时控制是避免安全事故发生的第一道防线。

在升降的预备阶段,对吊点电动葫芦起重链条预紧,可以防止对吊点产生过大的预紧力。电动葫芦的起重链断裂与吊点荷载变大有直接关系,吊点荷载变大的原因:一是吊点机位处不同步相差大,二是附着式升降脚手架在升降的过程中碰到障碍物。通过操作人员对各提升吊点荷载变化的监控,及时进行调整各提升吊点的荷载或停机处理,来防范架体倾斜、倾覆事故的发生。

(2) 操作人员观察监控是对附着式升降脚手架在升降过程中实施监控的重要方法

① 检查电动葫芦的电源线和荷载增量控制器的控制线有无损坏,防坠器与防坠吊杆的运动状况是否良好。检查提升设备、电气设备运行是否正常。若发生故障,应由专业维护人员及时进行维修。

② 检查各管辖区内电动葫芦的通电运转情况、转向是否一致,通过控制柜分别启动、预紧电动葫芦起重链、检查每台葫芦的吊钩是否勾牢传感器吊环,电动葫芦环链是否倒转等,并使每台葫芦的吊钩处于恰好受力状态,应使每个吊点的荷载

控制在正常升降状态之内。

③ 操作人员一般每个人分管 4~5 台电动葫芦，如果在升降的过程中发现葫芦的起重链翻链、打结等有损链条或土建施工的支模钢管、方木、模板等物件与脚手架相撞或其他异常情况时，应立即通过哨声向控制台叫停，避免进一步提升可能发生的事故。

④ 附着式升降脚手架在升降的过程中，每个人发现可疑情况都可叫停。重新启动前，应查明原因并排除故障后，总指挥才能再次发出提升命令。一般情况下，升降施工作业可分为 1~2 个阶段。第一阶段升降行程应控制在 10~20cm，然后进行停机检查，确认全面正常工作后，方可进行第二阶段的升、降运行，直至完成一个层高的行程高度。

第六节　附着式升降脚手架的拆除操作内容

一、准备工作

（一）拆除人员及工具的准备

根据项目部所定的拆除时间提前做好操作人员、工具及防护用品（安全帽、安全带、警示标识、扳手、钳子、工具袋）等准备工作。

（二）对操作人员进行拆架交底

在架体正式拆除前，编制人员或者项目技术负责人应向施工现场管理人员进行方案交底。施工现场管理人员应当向作业人员进行安全技术交底，并由双方和项目专职安全生产管理人员共同签字确认。

项目安全部及监理单位对架子工所持证件的有效性进行检查，要求架子工必须持证上岗，禁止无证操作。

(三）防护措施的落实

（1）通知相关人员（架子工、紧邻架体作业的所有作业人员）拆架的具体部位和时间，要求其提前安排好各自的工作。

（2）拆除前将升降架底部10m范围内，拉上警戒线进行封闭，禁止任何人进入，并派专人看守。严禁其他无关人员在正在拆除的架体上、临架、架底进行施工。

（3）架子工在进行作业时，必须佩戴好安全帽、系好安全带，严禁穿拖鞋或硬底带钉易滑鞋作业，工具及零件应放在工具包内，服从指挥，相互配合，拆除下来的材料不乱抛、乱扔。附着式升降脚手架作业下方不准站人，架子工不准在附着式升降脚手架上打闹。

二、架体拆除

（一）架体上的物料、垃圾等的清理

清理干净架体上的器具、物料、混凝土碎块等建筑垃圾，清理时应从上往下进行，所有被清理出的物料、垃圾等必须清至楼内再运至地面，严禁直接从架体向下抛掷。

（二）升降系统设备的拆除

从进线端拆掉电源进线、配电箱、电缆，并运至库房分类堆放整齐。拆除电气设备时，注意保护设备，严禁硬拉、硬拽。拆除电动葫芦、吊挂件，用施工电梯运至地面库房分类堆放整齐。

（三）附着式升降脚手架的拆除

附着式升降脚手架的拆除分人工拆除、汽车式起重机拆除、塔式起重机拆除等。

三、钢管式附着升降脚手架拆除

钢管附着升降脚手架拆除主要有水平支承桁架以上的脚

第七章 附着式升降脚手架的安拆和升降

手架拆除及水平支承桁架的拆除两大部分,具体操作步骤如下:

架体清理垃圾,准备拆除→拆除荷载控制系统电缆线、信号线→拆除荷载控制系统主控箱、分控箱→电动环链葫芦→传感器→拆除上、下挂座、附墙吊挂座→拆除附墙支座→从上到下依次拆除防护网、踏板、立杆、导轨等。

(一)人工拆除

(1)拆除时必须两人配合。

(2)在附着式升降脚手架的中间位置和底部各搭设临时挑网一道,挑杆长度为 4.5m,挑杆间距为 2m,当脚手架自上而下拆至中间挑网时,先拆中间挑网,向下拆完脚手架后,再拆底部挑网。

(3)架体底部与建筑物的空隙应进行封闭隔离。

(4)自上而下无遗漏地清除附着式升降脚手架每层操作面的建筑垃圾,拆除与附着式升降脚手架非紧固连接的构件、清理杂物、清除附着式升降脚手架覆盖的建筑结构层内距建筑周边 2m 范围内的建筑垃圾。清除的建筑垃圾、构件、杂物等应集中放置在建筑物内安全位置,以防坠落。

(5)自上而下一步一清地拆除,拆下的零部件应逐一传递至相应楼层内,严禁任意乱丢,拆除架体拆到中间挑网位置时,先拆中间挑网,然后依次拆下部的附着式升降脚手架构件。拆下的构件按规格分别集中堆放捆扎后由塔式起重机向下吊运,扣件、螺栓、螺母等小件物品放在专用器具内往地面搬运。

(6)在搭设落地脚手架与被拆附着式升降脚手架的机位处,用钢管扣件设置不少于两根的托撑,操作人员站在落地脚手架上,以三人为一组,从两机位的中间位置向两边逐根拆除上下弦杆、斜腹杆和中间框架、底部主框架组成的脚手架,质量较大的中间框架、底部主框架应由其中一人扶牢,分离后由另外二人搬运至楼内。

（7）从上至下拆除立面防护网，拆除后的材料堆放在楼层中。

（8）重复以上步骤5～7，从上至下拆除里面防护网、踏板、立杆，直至拆除完毕。

（9）拆除时，工作人员如果在未分离架体上操作，应系牢安全带。

（二）汽车式起重机拆除

若塔式起重机已拆除主架体，附着式升降脚手架需下降到初始位置，利用汽车式起重机来完成导轨和水平桁架的拆除：

（1）当架体拆除至底层水平桁架及导轨处时，需进行吊装拆除。拆除作业中，必须保证每一面导轨上至少安装两个附着支座，并在每个附着支座的上下两端各加两个定位扣件，防止架体吊离时，附着支座从主框架上脱落；螺栓、垫片拆下集中放置好，集中运至地面。

（2）根据升降架的跨度和平面布置情况，从分组处开始，将升降架逐个确定分段位置，一个机位为一段，每段以导轨为中心，然后根据分段情况进行加固处理。

（3）根据分段情况，在第一个机位相应位置将水平支承桁架连接螺栓拧出，使第一个机位成为一个独立的整体。

（4）用汽车式起重机垂直吊住导轨主框架，并将架体微微上提，使附着支座不再受力，在各项工作完成并由现场负责人员确认后，将相应附着支座位置的螺栓全部拆除，然后用汽车式起重机将该段升降架吊至地面平放。

（5）起吊前，应检查钢丝绳并确认完好后方可起吊；听从持证信号工指挥，起吊前应保证架体、结构与其他架子无连接。

（6）在汽车式起重机拆除附着在柱子上的主框架时，可先将最上部一个附着支座拆除，保留下部两个附着支座；在附着支座位置搭设挑架平台，以便于工人拆除固定螺栓，同时在每个附着支座下方导轨上加装两个扣件；用汽车式起重机垂直吊住导轨主框架并保持稳定，先拆除最下面一个附着支座，最后拆除中间部位附着支座，使主框架与结构分离，用汽车式起重机将该主框架吊至地面平放。

（7）拆除剪刀撑时，必须三人同时作业，先拆中间扣件，再拆两端扣件，最后由中间人传递运至楼层内。

（8）重复步骤5~7，从上至下拆除架体，直至拆除完毕。

（9）每天拆除作业后，必须将未拆除完毕的架子与结构进行可靠拉接。架体拆除后，拆除停留在建筑上的架体端口距离不得大于2m。

（三）塔式起重机拆除

附着式升降脚手架在主体结构封顶后，塔式起重机未拆除的情况下，可直接采取塔式起重机进行拆除，塔式起重机拆除顺序和注意事项与汽车式起重机拆除一致。

四、全钢附着式升降脚手架架体拆除

全钢附着式升降脚手架架体拆除分为整体拆除、架体内部拆除两个部分，具体操作步骤如下：

清理架体垃圾、准备拆除→将架体内所有提升装置拆除，并吊至地面分类堆放→安装起吊点→收紧塔式起重机绳→拆除吊装单元间连接螺栓→拆除上下节连接螺栓→收紧塔式起重机组使上下节略脱开→松开附墙支座连接→吊拆上部拆除单元→吊拆下部拆除单元→运至地面对拆除单元进行拆解，材料退场。

（一）人工拆除

1. 架体中所有容易脱落构件，如网框固定销轴、电控单元等均用人、货两用电梯进行转运。

2. 运输单片底部架体人数：至少保证3人。

3. 钢管固定架主要为项目钢管扣件制作而成，固定在窗口部位。利用窗梁作为支撑，将钢丝绳在钢管上至少绕两圈，使其固定在架体上。楼层中至少设两人斜拉钢丝绳，保证能吊动架体，楼底必须保证有一人斜拉钢丝绳，保证架体运行的平衡性。

4. 清除附着式升降脚手架架体上的杂物及地面障碍物。

5. 将附着式升降脚手架架体内的所有提升装置拆除，并吊至地面分类码放整齐。注意提升设备及控制设备等拆除、吊离时必须有保护措施，以免造成损坏。

6. 高层施工升降平台拆除顺序与其组装顺序刚好相反，具体操作步骤如下：

（1）拆除顺序与安装顺序相反，拆除顺序从上至下进行。

（2）先人工拆除最上层施工电梯处的立面防护网，注意立杆与导轨暂时还不能拆除。

（3）拆除最上层走道板及立杆。

（4）从上至下拆除第二层立面防护网，拆除后的材料堆放在楼层中。

（5）重复以上步骤（2）～（4），从上至下拆除立面防护网、走道板和立杆。

（6）架体拆除后，拆除停留在建筑上的架体端口距离不得大于2m。

（7）架体如为不连续拆除，架体拆除后的端头防护为密目网，并在端口处设置栏杆，防止人从端头处通过。

（二）汽车式起重机拆除

1. 拆除前，应根据汽车式起重机半径和吊重载荷能力确定分片拆除顺序和拆除单元大小。附着式升降脚手架的拆卸工作必须按专项施工组织设计安全操作规程的有关要求进行。拆除工作前应对施工人员进行安全技术交底，拆除时应有防止人员与物料坠落的有效措施，严禁抛扔物料。为保证安全，按汽车式起重机极限吊重的一半确定拆除单元的大小。

2. 拆除前，应注意选择无风或微风时进行，并设警戒线，禁止非操作人员进出。

3. 在即将拆除的架体上预先在立杆上绑两根缆风绳，用于在起吊过程中稳定单元，防止摆动。

4. 拆除分为整体吊装以及架体内部拆除两个部分。整体吊装由汽车式起重机进行，吊装的材料主要有走道板、网片、立杆、导轨、导座等不易松动的部件。架体内部由人工拆除，拆除的材料有吊点、电控单元等易从架体上脱落的散件。

5. 架体整体吊装部分利用汽车式起重机从空中吊装至地面后进行拆解，其他散件利用施工电梯或者汽车式起重机打包运送至地面。

6. 将用钢丝绳（或尼龙带）吊钩挂牢在分组处的架体单元上，汽车式起重机稍往上提将其张紧。拆除架体里的导座，以竖向机位为一个单位，由上至下拆除导座连接螺栓。指挥汽车式起重机将架体上节慢慢往上吊，待架体与主体结构脱离后再吊至地面平放。

7. 重复以上步骤 2，直至拆除完毕。

8. 每次拆解时，工作人员应在不分离架体上进行操作并系牢安全带。

（三）塔式起重机拆除

附着式升降脚手架在主体结构封顶后，塔式起重机未拆除的情况下，可直接用塔式起重机进行拆除，塔式起重机拆除顺序和注意事项与汽车式起重机拆除一致。

五、拆架时的安全注意事项

1. 每次拆架作业前，现场管理人员必须对施工作业人员进行班前安全技术、人员分工、工作内容等交底，并做好相应的记录。

2. 吊装拆除时，每吊架体的总质量不能超过起吊设备的起重性能参数。

3. 拆除作业中，施工队安全员必须在现场指挥拆除，项目部安全员在现场协调指挥。

4. 拆除附着式升降脚手架时，地面应设警戒线和安全隔离区，并派专人监督，严禁非操作人员入内。

5. 拆除人员必须戴安全帽、系安全带、穿防滑鞋。

6. 附着式升降脚手架拆除应按架体分组区段从上至下拆除，不得上下同时施工。

7. 拆除前，应将附着式升降脚手架上存留的材料、杂物等清理干净，拆除后应将较大构件及时运至地面分类堆放，严禁将材料、杂物等直接抛掷。较小的构配件及标准件应装入容器后再运送至地面。

8. 运至地面的构配件需及时进行检查、整修与保养，并按品种、规格堆码整齐，置于干燥通风处，防止锈蚀。

9. 拆架施工作业人员严禁酒后、带病、疲劳作业。

10. 当进行楼层出入口上方的架子进行拆除时，出入口应临时封闭。架体如为不连续拆除，架体拆除后的端头防护为密目网，并在端口处设置栏杆，防止人从端头处通过。当遇 5 级以上大风、大雾或大雨等恶劣天气时，不得进行附着式升降脚手架的拆除工作。

六、成品保护

附着式升降脚手架拆除时必须注意成品保护，严禁破坏、污染墙面、楼地面及门窗。每次拆架作业前，现场管理人员必须进行任务分工和班前技术交底，并对前一次施工作业所产生的问题进行分析并采取措施来防范，以达到保护成品的目的。

（1）拆除后的所有构件及时吊运到地面指定处，并分类码放整齐。

(2) 螺栓、螺母、垫片等标准件和较小的构配件应装入容器，集中运送至地面，严禁将其直接抛掷。

(3) 架体折叠单元、导轨等较大构件拆除吊离时，不能碰撞、破坏墙面。同时应用模板、硬纸壳将窗、不锈钢栏杆保护起来，避免发生碰撞损坏。严格按照技术交底的要求施工作业，拆架时做到不急不躁，在保证安全的情况下注意成品保护。

第七节 附着式升降脚手架的验收内容和方法

一、附着式升降脚手架首次安装完毕及使用前的检查验收

（一）保证项目

1. 竖向主框架

（1）各杆件的轴线应交会于节点处，并应采用螺栓或焊接方式连接，如不交会于一点，应进行附加弯矩计算；

（2）各节点应焊接或用螺栓方式连接；

（3）相邻竖向主框架的高差≤30mm。

2. 水平支承桁架

（1）桁架上、下弦应采用整根通长杆件，或设置刚性接头；腹杆上、下弦连接采用焊接或螺栓方式连接；

（2）桁架各杆件的轴线应相交于节点上，并宜采用节点板进行构造连接，节点板的厚度不得小于6mm。

3. 架体构造

空间几何不可变体系的稳定结构。

4. 立杆支撑位置

架体构架的立杆底端应放置在上弦节点各轴线的交会处。

5. 立杆间距

应符合行业标准《建筑施工扣件式钢管脚手架安全技术规

范》(JGJ 130—2011)中立杆间距≤1.5m的要求。

6. 纵向水平杆的步距

应符合行业标准《建筑施工扣件式钢管脚手架安全技术规范》(JGJ 130—2011)中纵向水平杆的步距≤1.8m的要求。

7. 剪刀撑设置

水平夹角应满足 45°～60°。

8. 脚手板设置

架体底部铺设严密，与墙体无间隙，操作层脚手板应铺满、铺牢，孔洞直径小于 25mm。

9. 扣件预紧力矩

40～65N·m。

10. 附墙支座

(1) 在竖主框架所覆盖的每个楼层均应设置一个附墙支座，每个附墙支座应能承担竖向主框架的全部荷载；

(2) 使用工况，应将竖向主框架固定于附墙支座上；

(3) 升降工况，附墙支座上应设有防倾导向的支承装置；

(4) 附墙支座应采用锚固螺栓与建筑物连接，受拉螺栓的螺母不得少于两个或采用单螺母加弹簧垫圈；

(5) 附墙支座支承在建筑物上连接处的混凝土强度等级应按设计要求确定，但不得小于 C20。

11. 架体构造尺寸要求

(1) 架高≤5 倍层高；

(2) 架宽≤1.2m；

(3) 架体全高×支承跨度≤100m^2；

(4) 支承跨度直线型≤6m；

(5) 支承跨度折线或曲线型架体，相邻两主框架支撑点处的架体外侧距离≤4.5m；

(6) 水平悬挑长度不大于 2m，且不大于跨度的 1/2；

(7) 升降工况，上端悬臂高度不大于 2/5，且架体高度不大于 6m；

(8) 水平悬挑端以竖向主框架为中心对称，斜拉杆水平夹角≥45°。

12. 防坠落装置要求

(1) 防坠落装置应设置在竖向主框架处，并附着在建筑结构上；

(2) 每一升降点防坠落装置不得少于一个，在使用和升降时都能起作用；

(3) 防坠落装置与升降设备应分别固定在建筑结构上；

(4) 防坠落装置应具有防尘、防污染的措施，反应灵敏可靠且运转正常。

13. 防倾覆装置设置情况

(1) 在防倾导向件的范围内应设置防倾覆导轨，且应与竖向主框架可靠连接；

(2) 在升降和使用两种工况下，最上和最下两个导向件之间的最小间距不得小于 2.8m 或架体高度的 1/4；

(3) 应具有防止竖向主框架倾斜的功能；

(4) 应用螺栓与附墙支座连接，其装置与导轨之间的间隙应小于 5mm；

(5) 防倾覆装置中应包括导轨、两个以上与导轨连接的可滑动的导向件。

14. 同步装置设置情况

(1) 连续式水平支承桁架，应采用限制荷载自控系统；

(2) 简支静定水平支承桁架，应采用水平高差同步自控系统，如果设备受限，可选择限制荷载自控系统。

(二) 一般项目

防护设施：

(1) 密目式安全立网规格型号≥2000 目/100cm^2，≥3kg/张；

(2) 防护栏杆高度为 1200mm；

（3）挡脚板高度为 180mm；

（4）架体底层脚手板铺设严密，与墙体无间隙。

二、附着式升降脚手架提升、下降作业前的检查验收

（一）保证项目

1. 支承结构与工程结构连接处混凝土强度：达到专项方案计算值，且混凝土强度等级≥C10。

2. 附墙支座设置情况：每个竖向主框架所覆盖的每一楼层处应设置一个附墙支座。

3. 附墙支座上应设有完整的防坠落、防倾导向装置。

4. 升降装置设置情况：单跨升降式可采用手动葫芦；整体升降式应采用电动葫芦或液压设备；应启动反应灵敏、运转正常、旋转方向正确、控制柜工作正常，功能齐备。

5. 防坠落装置：

（1）防坠落装置应设置在竖向主框架处，并附着在建筑结构上；

（2）每一升降点防坠落装置不得少于一个，在使用和升降时都能起作用；

（3）防坠落装置与升降设备应分别固定在建筑结构上；

（4）防坠落装置应具有防尘防污染的措施，反应灵敏可靠且运转正常；

（5）设置方法及部位正确，不应人为失效和减少；

（6）钢吊杆式防坠落装置，钢吊杆规格应由计算确定，且直径不应小于 25mm。

6. 防倾覆设置情况：

（1）防倾覆装置中应包括导轨、两个以上与导轨连接的可滑动的导向件；

（2）在防倾导向件的范围内应设置防倾覆导轨，且应与竖

向主框架可靠连接;

(3) 在升降和使用两种工况下,最上和最下两个导向件之间的最小间距不得小于 2.8m 或架体高度的 1/4。

7. 建筑物的障碍物清除情况:无障碍物阻碍外架的正常滑升。

8. 架体构架上的连墙杆:应全部拆除。

9. 塔式起重机或施工电梯附墙装置:应符合专项施工方案规定。

10. 专项施工方案:应符合专项施工方案规定。

(二) 一般项目

1. 操作人员

经过安全技术交底并持证上岗。

2. 运行指挥人员、通信设备

人员已到位,设备工作正常。

3. 监督检查人员、总承包单位和监理单位人员已到场。

4. 电缆线路、开关箱电源进线符合行业标准《施工现场临时用电安全技术规范》(JGJ 46—2005)中的对线路负荷的计算要求,并设置专用的开关箱。

第八章　附着式升降脚手架的使用与维护基本知识

第一节　附着式升降脚手架的使用知识

一、附着式升降脚手架在使用过程中严禁进行的作业

1. 利用架体吊运物料。
2. 利用架体作为吊装点和张拉点。
3. 在架体内推车。
4. 任意拆除结构件或松动连接件。
5. 随意拆除或移动架体上的安全防护设施。
6. 起吊物料碰撞或扯动架体。
7. 利用架体支撑模板。
8. 将物料平台与架体连接在一起。
9. 其他影响架体安全的作业。

二、附着式升降脚手架的安全使用

（1）附着式升降脚手架交付使用前，总承包单位、施工单位、监理单位必须严格按照附着式升降脚手架首次安装完毕及使用前检查验收表的各项目进行检查验收，验收合格并填写验收表后方可使用。

(2) 施工单位在施工过程中,应严格控制施工荷载。结构施工阶段应控制在 3kN/m² 以内,最多只能 2 步脚手架内同时受载。外墙装修阶段施工荷载应控制在 2kN/m² 以内,可以 3 步同时受载,施工荷载不能集中堆放,应分散堆放,并设专人巡视监控。

(3) 当附着式升降脚手架停用超过 3 个月时,应提前采取检修加固措施。

(4) 当附着式升降脚手架停用超过 1 个月或遇到 5 级以上大风停用后复工再次使用时,应对其进行全面检查,确认合格后方可使用。

(5) 遇到大风天气时的安全措施:

① 遇到大风(五级及以上)前应撤离所有堆放在附着式升降脚手架上的物料、构件等非固定物品。

② 遇到大风天气,应停止提升或下降作业,附着式升降脚手架除主框架原有的附着拉结点外,建筑物每一层楼面上应增加一倍数量与建筑结构的临时附着拉结点(硬拉结)固定架体。

③ 附着式升降脚手架外侧的安全网应与安全防护栏杆、立杆等固定牢固,每层脚手板与其下侧的纵横向水平杆做可靠固定。

④ 附着式升降脚手架上端的悬臂部分与建筑结构做好附着拉结,数量每跨不少于三处。

⑤ 切断所有的电源。

(6) 附着式升降脚手架出现下列情况,应当予以报废:

① 焊接结构件严重变形或锈蚀;

② 螺栓等连接件严重变形、磨损或锈蚀;

③ 升降装置主要部件损坏;

④ 防坠落、防倾导向装置的部件发生明显变形。

第二节 附着式升降脚手架的维护保养及调试

脚手架在使用过程中对架体、升降机构、附着支承结构、防坠安全制动器、防倾覆装置、控制系统等应进行使用过程中的维护保养。

一、架体构架

(1) 在升降之前，应先清除架体上的垃圾杂物、清理时应自上而下清理，清理的垃圾应集中堆放在建筑物内，严禁向下、向外抛掷。

(2) 附着式升降脚手架在施工过程中应经常观察由于人为因素、机械撞击等引起的架体变形情况，出现架体变形时应及时进行修正。

(3) 各连接螺栓要紧固。

二、附着支承结构

(1) 及时清理穿墙螺栓丝杆处的混凝土，修复损坏的螺纹，并涂黄油，使螺母拆卸自如。

(2) 及时清理附着支座上的混凝土杂物，支顶器丝杆处涂黄油，使其转动、调节自如。

(3) 检查附着支座支顶器复位弹簧是否可正常复位，如果失去弹性，应及时进行更换，使支顶器正常工作。

(4) 检查附墙支座焊路有无裂纹出现。

(5) 使用加长附墙支座时，斜拉杆应拉紧。

三、升降机构

(1) 检查电动葫芦链条是否有裂纹或发生断裂。

(2) 及时清理导轨、电动葫芦、链条、钢丝绳、钢丝绳滑轮等部件上的混凝土杂物。
(3) 给电动葫芦链条、钢丝绳、钢丝绳滑轮等部件加润滑油。
(4) 检查附墙吊挂座、上挂座、下挂座、导轨等是否紧固，是否发生变形。
(5) 检查钢丝绳是否有脱股、断头、扎头松动现象。

四、防坠安全制动器

防坠安全制动器维修保养必须注意以下几个方面：
(1) 防坠安全制动器的修理不能随意更换凸轮、齿板和制动杆的材料，特别是制动杆材料不能更换成强度大表面硬度高的材料，一定要按照设计选定的材料。
(2) 定期对防坠安全制动器的活动部位加注润滑油，而凸轮的齿面、齿板和制动杆表面不能加润滑油。
(3) 在工程中使用时，应保持防坠安全制动器制动口的清洁，没有建筑垃圾，制动杆与防坠安全制动器的制动口保持垂直，其偏差不得大于3°，且应有防护罩。
(4) 防坠安全制动器的修理应经专门培训的维修人员完成，防坠安全制动器修理后要进行制动性能的检测。

五、防倾覆装置

(1) 及时清理防倾覆装置上的混凝土杂物，定期给防倾导向轮加润滑油，使其能够转动自如。
(2) 检查防倾导向轮安装螺栓是否紧固。

六、控制系统

(1) 及时清理控制箱上的垃圾。
(2) 检查电缆线、通信线、数据线的绝缘保护皮是否破裂，有问题应及时处理。

（3）检查各接头是否插牢、紧固。

（4）检查电线接头是否接触紧固。

（5）检查电控箱内电气元件是否潮湿，及时烘干。

（6）检查控制系统安全设置参数是否改变，如有改变应及时修正。

附录 正确及错误做法典型图例

正确做法	错误做法

作业人员采取高挂低用方式系好安全带	作业人员安全带系不规范，未挂在牢靠位置

外防护网应封闭严密，无明显缝隙	外防护网拼装存在缝隙，封闭不严密

架体上应保持干净，无额外堆载	架体上堆置杂物，未及时进行清理

续表

正确做法	错误做法
 指定专人加固架体的螺栓	 螺栓存在松动现象
 翻板在使用时,应保持封闭严密、无缝隙	 翻板在使用过程中未固定牢靠
 桁架进行拼装时,需逐一紧固每一个螺栓	 桁架进行拼装时,螺栓紧固不到位

参考文献

[1] 中华人民共和国国务院.建设工程安全生产管理条例：中华人民共和国国务院令393号[Z].

[2] 中华人民共和国住房和城乡建设部.危险性较大的分部分项工程安全管理规定：中华人民共和国住房和城乡建设部令第37号[Z].

[3] 中华人民共和国住房和城乡建设部.关于印发《建筑施工特种作业人员管理规定》的通知：建质〔2008〕75号[Z].

[4] 中华人民共和国国家质量监督检验检疫总局,中国国家标准化管理委员会.家用和类似用途的剩余电流动作保护器（RCD）电磁兼容性：GB 18499—2008[S].北京：中国标准出版社,2009.

[5] 中华人民共和国住房和城乡建设部.建筑施工脚手架安全技术统一标准：GB 51210—2016[S].北京：中国建筑工业出版社,2017.

[6] 中华人民共和国国家质量监督检验检疫总局,中国国家标准化管理委员会.重要用途钢丝绳：GB 8918—2006[S].北京：中国标准出版社,2006.

[7] 中华人民共和国建设部.施工现场临时用电安全技术规范：JGJ 46—2005[S].北京：中国建筑工业出版社,2005.

[8] 中华人民共和国住房和城乡建设部.建筑施工工具式脚手架安全技术规范：JGJ 202—2010[S].北京：中国建筑工业出版社,2010.

[9] 中华人民共和国住房和城乡建设部.建筑施工安全检查标准：JGJ 59—2011[S].北京：中国建筑工业出版社,2012.

[10] 中华人民共和国住房和城乡建设部.建筑施工扣件式钢管脚手架安全技术规范：JGJ 130—2011[S].北京：中国建筑工业出版社,2011.

[11] 中华人民共和国住房和城乡建设部. 建筑施工高处作业安全技术规范：JGJ 80—2016 [S]. 北京：中国建筑工业出版社，2016.

[12] 中华人民共和国住房和城乡建设部. 施工现场机械设备检查技术规范：JGJ 160—2016 [S]. 北京：中国建筑工业出版社，2017.

[13] 中华人民共和国住房和城乡建设部. 建筑施工用附着式升降作业安全防护平台：JG/T 546—2019 [S]. 北京：中国标准出版社，2019.

[14] 中华人民共和国住房和城乡建设部. 附着式升降脚手架升降及同步控制系统应用技术规程：CECS 373—2014 [S]. 北京：中国计划出版社，2014.

[15] 湖北省建设工程质量安全协会. 附着升降脚手架架子工 [M]. 北京：中国建筑工业出版社，2019.

[16] 李继业，蔺菊玲. 建筑架子工（附着升降脚手架）[M]. 北京：中国建材工业出版社，2019.